国家自然科学基金项目(41901362)资助

气候变化背景下高光谱遥感的应用

Application of Hyperspectral Remote Sensing under the Background of Climate Change

丑述仁　著

内容简介

气候变化是一个全球性的话题，已经引起了国际社会的高度关注，而高光谱数据对研究全球碳循环和气候变化有重要意义。本书尝试基于不同物种将碳同化过程与高光谱遥感获得的光化学反射指数(PRI)和日光诱导叶绿素荧光(SIF)联系起来，从干旱程度、模型参数、观测角度三个方面来研究气候变化背景下高光谱遥感的应用，主要包括气候变化背景下干旱胁迫的指示、反演最大碳羧化速率(碳同化模型中一个非常重要的参数)以及多角度光谱观测及角度订正。本书对全球变化、气候学、生态学、地理学等研究者以及高等院校相关专业师生有着重要的参考价值。

图书在版编目（CIP）数据

气候变化背景下高光谱遥感的应用 / 丑述仁著. --
北京 : 气象出版社, 2021.10
ISBN 978-7-5029-7578-4

Ⅰ. ①气… Ⅱ. ①丑… Ⅲ. ①光谱分辨率—光学遥感—应用—气候变化—研究 Ⅳ. ①P467

中国版本图书馆CIP数据核字(2021)第206023号

气候变化背景下高光谱遥感的应用
QIHOU BIANHUA BEIJING XIA GAOGUANGPU YAOGAN DE YINGYONG

出版发行：气象出版社
地　　址：北京市海淀区中关村南大街 46 号　　**邮政编码**：100081
电　　话：010-68407112(总编室)　010-68408042(发行部)
网　　址：http://www.qxcbs.com　　**E-mail**：qxcbs@cma.gov.cn
责任编辑：隋珂珂　　**终　　审**：吴晓鹏
责任校对：张硕杰　　**责任技编**：赵相宁
封面设计：蒋　衍
印　　刷：北京建宏印刷有限公司
开　　本：710 mm×1000 mm　1/16　　**印　　张**：8.75
字　　数：240 千字　　**彩　　插**：2
版　　次：2021 年 10 月第 1 版　　**印　　次**：2021 年 10 月第 1 次印刷
定　　价：55.00 元

序

气候变化是人类面临的全球性问题，随着各国二氧化碳排放、温室气体增加，对生命系统形成威胁，世界各国以全球协约的方式减排温室气体，以应对气候变化并推动以二氧化碳为主的温室气体减排。在2020年12月结束的联合国气候雄心峰会上，习近平主席宣布应对全球变化国家自主贡献新举措，提出了“碳达峰”和“碳中和”目标，力争2030年前二氧化碳排放达到峰值，并力争2060年前实现“碳中和”。相比2005年，中国单位国内生产总值二氧化碳排放将下降65%，非化石能源占一次能源消费比重将达到25%。近年来，气候变化所导致的极端天气、冰川消融、永久冻土融化、海平面上升、生态系统改变、旱涝灾害增加、致命热浪等现象频发。地球温度上升，导致喜马拉雅山等高山的冰川消融，从而对淡水资源形成长期隐患；海平面上升，使上海、广州等人口密集的沿海地区面临咸潮的威胁，甚至可能有被淹没之灾；冻土融化威胁着当地居民的生计和道路设施；热浪、干旱、暴雨、台风等极端天气、气候灾害越来越频繁，导致当地居民生命财产损失加大；粮食减产，千百万人将面临饥饿的威胁。全球每年因为气候变化导致腹泻、疟疾、营养不良多发性死亡的人数高达15万。珊瑚礁、红树林、极地、高山生态系统、热带雨林、草原、湿地等自然生态系统将受到严重威胁，生物多样性将受到损害。1880—2012年，全球平均气温上升了0.85℃。海洋在变暖，冰雪量在减少，海平面在上升。1901—2010年，因气候变暖和冰雪融化，海洋面积扩大，全球平均海平面上升了19 cm。鉴于当前温室气体浓度以及排放水平，21世纪末全球平均气温将持续升高，高于工业化时期前的平均水平。世界各大洋将持续变暖，冰雪将继续融化。以1986—2005年作为参照期，至2065年，平均海平面预计上升24～30 cm，至2100年，平均海平面预计上升40～

63 cm。即使停止排放温室气体，气候变化所带来的大多数影响也会持续数世纪之久。亚马孙雨林和北极苔原等多样化的生态系统可能因气候变暖和干旱而发生巨大的变化。高山冰川正在迅速消失，在最干旱的月份里，供水减少对下游造成的影响会持续很长时间。因此，我们要持续关注和监测气候变化，以减少气候变化带来的危害。

气候变化背景下高光谱遥感监测应用非常广泛，主要体现在两方面：一是需求牵引，二是体现国际前沿的发展方向。本书包括6章内容，分为高光谱遥感在气候变化应用概述、气候变化背景下干旱胁迫的指示、反演碳循环模型关键参数、多角度光谱观测方法与系统、多角度遥感角度订正、结论与展望。本书充分查阅国内外相关研究的最新进展文献，重视相关研究参数和基础数据的列举，以期方便读者了解和积累陆地生态系统固碳方面的知识，又便于读者获取相关估算参数、开展科学认识和评价陆地生态系统固碳效果的评估工作。

由于本书涉及面广，作者水平有限，疏漏、不妥之处在所难免，欢迎读者和同仁批评指正。

丑述仁

2021年6月

前 言

总初级生产力(GPP)是植被冠层光合速率的度量指标和陆地生态系统碳循环的重要分量,显著影响全球碳平衡。GPP受气候(辐射、降水、温度和湿度等)、大气CO_2浓度、氮沉降和扰动等因子影响,具有明显的时空变化。因此,实时监测和精确估算GPP对于明晰生态系统对气候变化和人类活动的响应和反馈特征具有非常重要的意义。作为计算区域和全球尺度GPP的主要工具,模型存在结构缺陷、输入数据和参数的误差等问题,不同模型计算的全球GPP总量和时空分布差异较大,存在较大的不确定性。

遥感信息被广泛应用于计算GPP,其方法可分为三大类:第一类,将GPP计算为植被吸收的光合有效辐射(APAR)与光能利用率(LUE)的乘积,APAR由遥感反演的植被指数和入射的太阳辐射计算,LUE随气象条件等因子变化;第二类,利用基于过程的Farquhar、von Caemmerer和Berry模型(FvCB模型)可以从机理上描述叶片的光合速率。FvCB模型通过考虑RuBisCo酶(核酮糖-1,5-二磷酸羧化酶)饱和时的羧化速率或RuBisCo酶的再生受电子传输速率限制的羧化速率对叶片CO_2同化速率的限制来定量估算叶片的光合速率;第三类,利用多/高光谱遥感信息直接估算GPP。第一类模型称为光能利用率模型,其结果对LUE参数具有很强的敏感性,且不同模型的结果差异明显。所以,利用遥感信息直接估算GPP的第三类方法目前受到广泛关注。

光化学反射指数(PRI)和日光诱导叶绿素荧光(SIF)可以利用高光谱遥感手段获得。PRI与LUE有关,而SIF与光合速率有关。本书尝试基于不同物种将碳同化过程与高光谱遥感获得的PRI和SIF联系起来。基于上述的研究背景和选题依据,本书关注以下问题:

(1)高光谱遥感在气候变化中的应用。

(2)气候变化背景下干旱胁迫的指示。采用五种不同的灌溉处理方法,利用地面高光谱遥感观测手段测定了玉米冠层 PRI 和非光化学淬灭(NPQ)参数,利用 PRI 和 NPQ 对植物早期水分胁迫进行探测。

(3)反演碳循环模型关键参数,测定了水稻叶片生物化学(叶绿素、叶黄素和胡萝卜素)和光合参数(如 V_{cmax25})的季节性变化,并将遥感光谱指数(如 PRI)结合叶片色素作为估算 V_{cmax25} 的一个指标;

(4)建立多角度光谱观测设备。为了更好地研究气候变化,建立长时间序列、多角度的光谱观测系统,排除云的干扰、大气折射的干扰、卫星观测的荧光光谱和通量的足迹不匹配的问题,建立遥感光谱估算 GPP 的模型。

(5)多角度遥感的角度订正,利用 SIF 角度订正模型对多角度荧光观测数据进行角度订正,并比较和分析角度订正前后 SIF 数据在估算 GPP 的精度差异。

作者

2021 年 6 月

目 录

第 1 章　高光谱遥感在气候变化应用概述

1.1　引言

气候变化是一个全球性话题，引起了国际社会的高度关注。1850—2020 年，全球大气二氧化碳平均浓度增长近 50%，引发了全球气候变暖等复杂的环境问题。政府间气候变化专门委员会(IPCC)第五次评估报告指出，全球变暖主要是由温室气体增加引起。在过去 250 年中，大气中 CO_2浓度显著上升，化石燃料的燃烧和土地用途的变化是导致 CO_2浓度增加的主要来源(IPCC，2013)。近几年来，气候变暖对人类生存环境的负面影响日益显著。化石燃料资源的不可持续性和巨大的碳排放量亟待变革型技术突破，从而为人类社会的可持续发展奠定基础。碳中和目标是人类积极解决环境问题和未来能源危机的重要举措。2020 年，全球大气中的二氧化碳平均浓度已达到 415 ppm*，较 1850 年左右工业化前的 285 ppm 水平大幅上升。与此同时，1850—2020 年期间，全球平均地表温度上升了约 1.2℃(NOAA 国家环境信息中心全球气候报告——2020 年年度报告)。鉴于碳中和对人类文明的巨大影响，碳中和可以被视为一场新的工业革命。第一次工业革命发生在 17 世纪 50 年代，James Watt 改良蒸汽机等一系列技术革命，促进了工业机械化。第二次工业革命形成于 19 世纪 70 年代，电的广泛使用使得人类进入了电气化时代，大大提高了工业生产力。第三次发生于 1946 年 John Mauchly 和 Presper Eckert 生产出第一台计算机后不久，这使自动化生产工业过程成为可能。第四次工业革命是在 1983 年第一个全球计算机网络形成之后逐渐出现的，而在本世纪之交，它以物联网＋人工智能＋大数据推动了一个数字时代，方便了我们每个人的生活。每次工业革命的技术突破都影响了人类文明，改变了人类的生活方式。在碳中和目标下的第五次工业革命将进一步解决人类对化石资源的依赖，促进人与自然和谐共处(Chen，2021)。

植被总初级生产力(GPP)是全球碳循环中的重要组成部分，它代表植被冠层的光合速率，受辐射、降水、温度和湿度、大气中的 CO_2浓度和大气氮沉积等环境因子的

---

* 1 ppm＝10^{-6}。

影响(图 1.1)。估算 GPP 在区域或全球范围内的时空分布对于理解碳循环与气候之间的反馈至关重要。一些模型可以估算 GPP 在区域或全球范围内的时空分布,但是由于模型结构缺陷引起的不确定性以及输入数据和参数值的误差,不同模型(如表 1.1)估算的 GPP 时空分布存在很大差异。

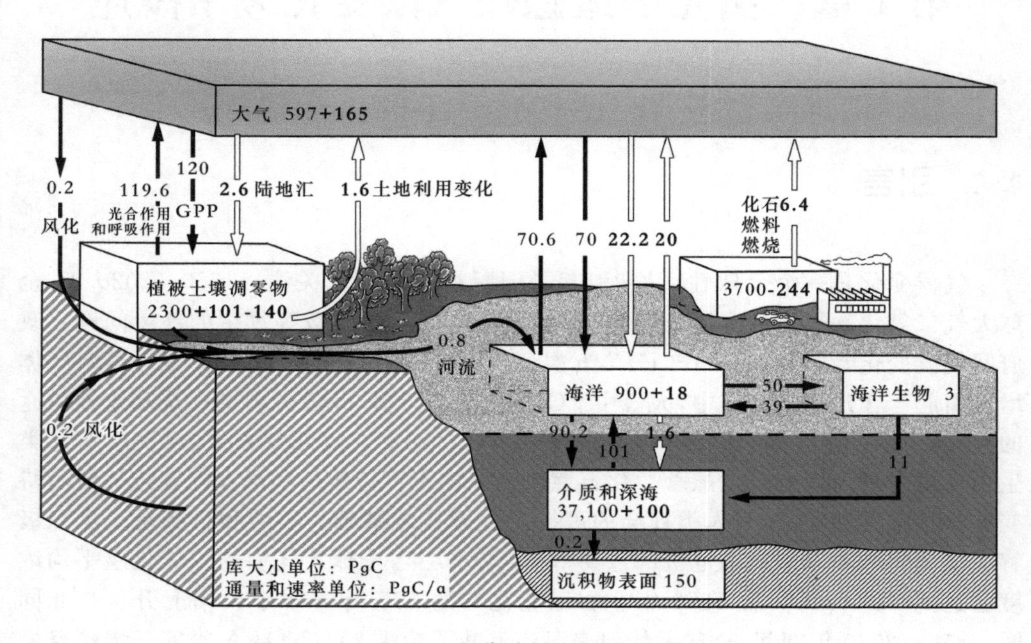

图 1.1　20 世纪 90 年代碳循环(改自 IPCC, 2007b)

高光谱成像技术具有光谱分辨率高、图谱合一的独特优势,是遥感技术发展以来最重大的科技突破之一(童庆禧等,2016),高光谱遥感技术可以反演与全球陆地生态系统碳同化过程中重要的生物化学和生理参数。例如,PRI 是基于 531 nm 和 570 nm 为中心的窄光谱带的反射率,可以捕获光能利用率的日变化(Gamon et al., 1992)。叶片内部叶绿素吸收 400～700 nm 波长内的太阳辐射,在光合作用过程中,其中一部分能量以叶绿素荧光的形式在 660 nm 至 800 nm 的光谱范围内重新发射。SIF 可用作直接探针,以估算绿色植被的光合作用速率(Guanter et al., 2007)。欧洲航天局(ESA)2022 年计划发射的荧光探测器(Fluorescence Explorer,FLEX)旨在探测植物发出的 SIF 信号(Drusch et al.,2008),并开发了成像光谱仪(FLORIS)以测量氧气吸收带的荧光、红边的反射率和 PRI(Coppo et al.,2017)。高光谱遥感卫星发射及相关年表详见附录 A,世界主要的高光谱遥感卫星及其相关参数详见附录 B。

1.2 气候变化与碳循环模型

Monteith(1972)提出被广泛接受的光能利用率方法，将 GPP 表示为光合有效辐射(PAR)，光合有效辐射吸收比(fAPAR)和光能利用率(LUE)的乘积。

$$GPP = PAR \cdot fAPAR \cdot \varepsilon \tag{1.1}$$

光能利用率取决于光化学过程的几个环境限制因素，例如水、温度和营养供应，并且在不同植被物种之间有所不同(Turner et al.，2003)。

基于过程的 GPP 模型是基于 Farquhar 等(1980)开发的叶片光合作用模型建立的。该模型将 C3 植物的叶片光合作用速率(A)设为 Rubisco 限制速率和光限制速率中的较小者：

$$W_c = V_m \frac{C_i - \Gamma}{C_i + K} \tag{1.2}$$

$$W_j = J \frac{C_i - \Gamma}{4.5C_i + 10.5\Gamma} \tag{1.3}$$

$$A = \min\{W_c, W_j\} - R_d \tag{1.4}$$

式中：W_c 和 W_j 分别是 Rubisco 限制的和光限制的总光合作用率；V_m 是最大碳羧化速率；J 是电子传输速率；C_i 是细胞间 CO_2 浓度；Γ 是光合作用 CO_2 补偿点；K 是酶动力学函数；R_d 是叶片暗呼吸(式(1.2)、(1.3)和(1.4))。

在式(1.5)中，大叶模型基于这样的假设：如果叶片之间的光合作用能力的分布与吸收的辐照度成正比，则所描述叶片光合作用的式可以扩展到整个冠层(Sellers et al.，1992)。

$$P = P(R_{\alpha}) \qquad R_{\alpha} = R_{\varkappa}/LAI \tag{1.5}$$

式中：P 为光合作用函数；R_{α} 为冠层抗性；$R_{\varkappa}$ 为叶片气孔抗性。

两叶模型捕获叶片光合作用对辐射的非线性响应(Norman，1982；Wang et al.，1998；Dai et al.，2004)。

冠层叶片通常可分为阳叶和阴叶，阳叶接收太阳的直接辐射和散射辐射，而阴叶仅接收太阳散射辐射。两叶模型可以表示为(图 1.2)：

$$A_{canopy} = A_{sunlit} LAI_{sunlit} + A_{shaded} LAI_{shaded} \tag{1.6}$$

多层模型将冠层分为几层，然后将每一层的光合作用整合到总光合作用中(Baldocchi，1993；Bonan，1995)。模型可以表示为：

$$A_{canopy} = \int_{i=1}^{LAI} (A_{sunlit\_i} LAI_{sunlit\_i} + A_{shaded\_i} LAI_{shaded\_i}) \tag{1.7}$$

式中：A 和 LAI 表示第 i 层的光合作用速率和 LAI。

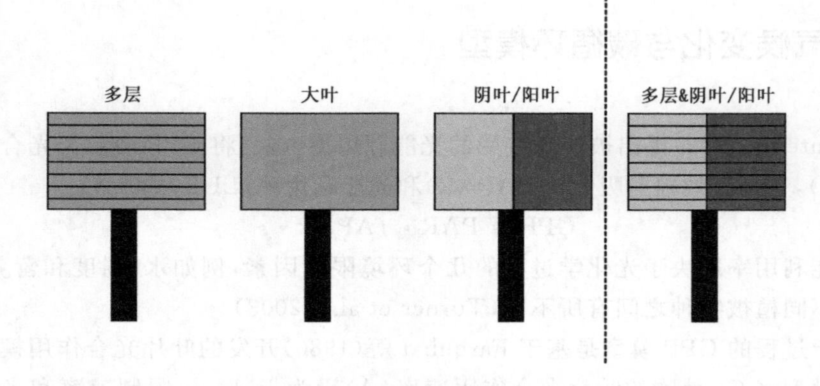

图 1.2　多层模型、大叶模型、阴/阳叶模型(Wang,2014)

植被—大气系统的碳交换模型及以此为基础的陆地生态系统区域模式的开发与改进,一直是生态系统碳循环研究的重要内容,也是通量观测的目的之一,得到了生物物理、生物化学和生物地理等学科领域的普遍关注,他们从各自的科学领域都推出了大量的模型(于贵瑞 等,2003;Chen et al.,1997; Van der Tol,2009)。国际上组织了大量的模型对比实验,成为模型开发的重要途径之一(于贵瑞 等,2003)。当前陆地生态系统碳循环模型主要有静态模型、动态模型、自上而下模型、自下而上模型、大气圈与陆地圈耦合模型、气候植被—相关模型、经验—半经验模型、生物地理模型、生物物理模型、生物地球化学模型、诊断模型、预测模型等(表 1.1)。

表 1.1　不同陆地生态系统碳循环模型比较(王效科 等,2015)

模型	简介	优点	缺点
静态模型	假设生态系统为静态,其是在当前气候与植被类型之间关系的基础上开始的非动态相关模型,本质上是经典的气候—植被分类现代工具	用于描述大尺度的植被分布	仅基于简单的统计回归关系,只是静态地估算不同区域的植被生产力,没有考虑到复杂的植被生理反应和土壤、大气等因素的作用
动态模型	以陆地碳循环过程为基础,使用公认的物理、化学等自然定律和理论来讨论气候与陆地碳循环的相互作用	将陆地碳循环整体作为一个系统,考虑陆地循环的各个过程、细节和众多因素,同时融入了陆地碳循环过程的机制和植被生理整体机制,可用来进行影响评价和预测分析,能够实际描述反馈现象	对参数和输入数据的标准、多样性要求很高。必须考虑生态系统紧随气候变化的时间变化,需要详细地描述生长、死亡和传播过程

续表

模型	简介	优点	缺点
自下而上模型	基于实验遥感和实验测定及有关空间数据，从斑块水平的生态系统结构和功能模拟开始，在通过尺度扩展来进行区域尺度的生态系统模拟的途径	能够进行任何时空尺度的高分辨率的模拟估算，并且是基于过程的模拟，具有很好的机理解释功能，能够了解生态系统的各种机制或组成的可能变化	难以确定尺度转换结果的准确性和可靠性，尤其是用于校验和验证过程模型的实验样点的代表性问题
自上而下模型	自下而上模型的反向模型途径，具体做法有两种类型。一是反褶积法，二是根据区域尺度的实际资料建立一些经验关系	提供了碳交换的最基本数据和空间格局。该模型已发展成一系列生态生理模型	反演结果与实际情况的一致性还需要地面资料的检验
大气圈与陆地圈耦合模型	是模拟大气、植被、土壤之间的物质和能量交换的综合动态生态系统模型	模型是多层次的、多尺度的、时间跨度从分钟到百年以上，空间跨度从厘米到千米	由于大气模型与生物圈模型耦合比较困难，所以大多数模型不能很好地实现气候系统和生态系统之间的双线反馈，模拟结果不理想
碳循环零维模型	通过解析解或数字解来完整地研究陆地生态系统、大气、海洋三者之间的碳循环过程的双向反馈过程，人类活动通常作为一种扰动	把地球当成零维来处理，忽略碳循环过程中的各种分量的空间差异，是描述地球系统之间基本过程和相互关系的强有力工具	只能进行大尺度估算和定量
气候—植被相关模型	以多年月平均气温和月降水数据为基础，通过有关生态气候参数的转换，尽可能考虑热量与水分的季节性、有效性、累积性与临界值，以及一些特殊性(如高山条件)对植被类型与分布的决定性作用	比较精确地刻画大尺度气候和植被的相关关系	只是对植被分布进行刻画，而不能描述碳循环过程及其变化
经验—半经验模型	主要以植物干物质生产与气候因子之间的相关关系为基础，或者基于某种程度的生理和生态学机理假设，应用统计学方法建立的经验模型	简单直接，可用于大尺度生产力分布规律的刻画	这类模型都是基于植被生产力与气候因子之间的相关关系建立的，没有考虑植被生态生理反应，生态系统过程变化及CO_2和土壤养分的作用。Chikugo模型假定植被蒸腾量等于蒸散量，而实际这两种假设都难以成立

续表

模型	简介	优点	缺点
生物地理模型	预测不同环境下植被的结构、分布和组成对气候变化的响应。通常可分为静态模型和动态模型两类	广泛用于全球尺度植被与气候变化的关系研究，能模拟植被对环境变化的即时反应	不能描述植被与环境之间动态反应过程
生物地球化学模型	以气候和土壤数据为驱动因子，模拟陆地生态系统物质能量循环过程	可用来预测气候变化或者CO_2升高对NPP和碳循环的影响	不能模拟长期气候变化导致的植被组成和结果变化，大多数没有包括陆地生物圈和大气的反馈作用
生物物理模型	模拟土壤—大气—植被简单的物质循环和能量流动的物理过程，在大、中尺度上研究大气与生物圈物质、能量交换过程和数据	第三代生物物理模型结合陆地生态系统的生物地球化学过程，能对大气中的CO_2的变化做出响应，使得模拟地气之间的地球化学循环成为可能	对中、小尺度的碳循环过程模拟有困难
诊断模型	需要输入的变量是基于实时的观测，通常来源于遥感数据，诊断出影响碳循环过程的主要因素	可以输出无法直接观测到的变量	
预测模型	用来解释自然的基本机制，驱动变量一般为气候数据，可以来自于模拟数据或者是在平衡状态下进行模拟	可以得到陆地生态系统碳循环过程中最主要过程的规律，以及预测未来的变化	

以往的观测与模型研究主要侧重在各尺度或多数过程上分别进行，缺乏对不同尺度生态系统过程相互作用的机理研究，当前碳循环模型的发展趋势如下（于贵瑞等，2003）：

一是注重碳循环的机理过程，建立碳循环动态模型。模拟从几十年到几个世纪的不同时间尺度上的碳循环动态如在全球变化与陆地生态系统计划（Global Change and Terrestrial Ecosystem，GCTE）中，现有全球动态植被模型（Dynamic Global Vegetation Model，DGVM）的原型中就已包括了陆地表面模块、植被气候模块、植被动态模块和碳平衡模块四个组成部分。各个模块在不同的时间尺度（从1个小时到1年）上运行，不同的模块之间通过物质、能量和水分交换相互作用。其中叶面积指数关系到植物的光合、呼吸、水分、植被特性及其反馈作用，是模型模拟和尺度转换中的重要变量。

二是注重多种元素循环耦合，建立碳循环模拟模型。陆地生态系统碳循环与氮、磷等营养物质循环之间往往具有复杂的耦合关系，生态系统中不同元素之间处于相互制约的平衡关系。研究表明，可利用氮的不足将限制生态系统碳的吸收和存储，因此，碳循环模型中必须直接或间接地模拟其他营养元素对碳循环的影响。

三是注重土地利用变化影响，减少碳循环模型不确定性。由于人口的急剧增长，人类活动导致的土地利用与土地覆盖变化对陆地碳循环的影响将更为突出，特别是引起大量的碳排放。当前，对未来土地利用与土地覆盖变化模式的预测仍是碳循环模拟中的主要不确定因素，并已成为碳循环模型研究的新热点。

四是注重多尺度数据—模型融合，建立碳循环精准预测模型。传统生态模型的建立以单一尺度、零散(少量和非系统)的试验和观测数据为基础，而今后的生态系统模型的建立将应用多尺度、大量的试验和观测数据，构建多尺度数据—模型融合系统。随着实验技术的不断发展(如涡度相关技术、高分辨率遥感应用)，可以获取不同尺度上的各种数据，如CO_2净交换通量、NDVI、叶面积指数、有效辐射吸收和植被生产力等，应用这些数据，可以验证和检验模型在不同尺度上的有效性。最终，数据—模型融合将应用动态观测数据(包括环境和生态系统状态变量)对模型模拟进行连续驱动、检验和引导，并预测和预报生态系统动态变化。

1.3 光化学反射指数

入射光强超过光合作用能够使用的能量，多余的光能要转换为热散失，以避免光合机构受到破坏。光能热散失是叶黄素从环氧化状态转变为脱环氧化状态，这种色素形态的变化会导致 531 nm 处反射率的下降，但对 570 nm 处反射率几乎没有影响。因此 LUE 越高，热散失越少，531 nm 处反射率下降得越少，PRI 值就越高。Gamon 等(1992)首次提出了 PRI 概念，其定义如下：

$$\mathrm{PRI} = \frac{R_{531} - R_{570}}{R_{531} + R_{570}} \tag{1.8}$$

式中：R_{531}和R_{570}分别表示植物叶片在 531 nm 和 570 nm 处的反射率，通常将 531 nm 处的波段称为测量波段，570 nm 处的波段称为参考波段。PRI 与叶黄素循环有关，叶黄素由 3 种组分构成：紫黄质(Violaxanthin，V)、花药黄质(Antheraxanthin，A)、玉米黄质(Zeaxanthin，Z)、正反应受抗坏血酸(AsA)的氧化作用驱动，逆反应在 Z、O_2和 Fd 或 NADPH 存在下形成 A 和 V。两个反应的关键酶分别是 VDE 和 ZE。植物在黑暗和中弱光条件下，叶黄素循环以紫黄质为主，当叶片吸收的光能超过光合作用时，产生过剩的光能，V 转化成 A 和 Z(Gamon et al.，1990，1992；Penuelas et al.，1995)。研究表明，PRI 是一个理想的光谱指数，可以估算从小时至季节不同时间尺度上的叶片、冠层以及生态系统尺度的 LUE(图 1.3)(Garbulsky et al.，2011)。

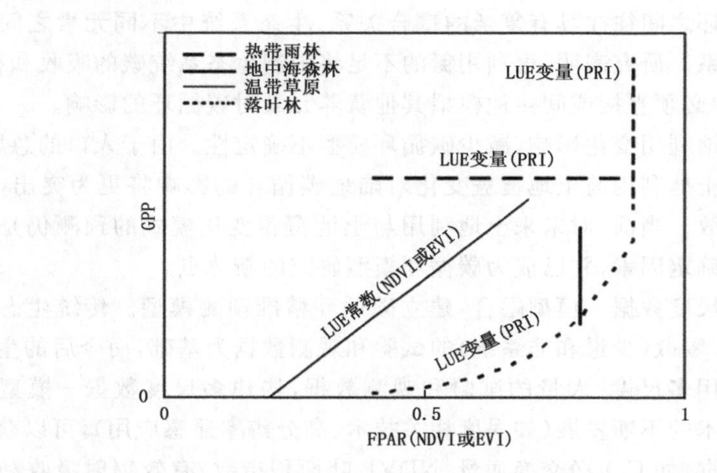

图 1.3　GPP 和 FPAR 在不同生态系统的季节性关系，其中 FPAR 为光合有效辐射吸收比率，GPP 为总初级生产力，EVI 为增强型植被指数，NDVI 为归一化植被指数(引自 Garbulsky et al.，2011)

图 1.3 显示植被指数预测不同生物群落 GPP 的能力，在各个生态系统类型的括号中描述了估算 LUE 的最佳光谱指数。这些生物群落变化很大，取决于影响光合碳通量的主要因素。对于温带草原生态系统，LUE 在整个生长季节通常保持不变。对于温带草原 NDVI 或 EVI 可以很好地指示 GPP。对于雨林、地中海森林和落叶林，应将 PRI 用作估算 LUE 的光谱指数，进而估计 GPP 中的季节变化。FPAR 可能在这些生物群落中不太有用，上述生物群落的 FPAR(NDVI 或 EVI)无法追踪 GPP 的季节性变化。

图 1.4 显示 PRI 和 LUE 之间的关系通常在空间和时间尺度上都有很强相关性。每个柱形图代表每个时间变化来源(即物种或养分的可利用性)和空间尺度(叶片、冠层或生态系统)的平均相关系数。色散条表示标准误差，括号内显示相关研究的相关系数。相关系数(R^2)在叶片尺度上表现出每日分析的最高值。叶片尺度季节性分析显示了最低的 R^2 值。在冠层尺度日间和季节性关系呈现出相似的 R^2 值。其他类型变化因素在叶片和冠层尺度相关系数是相似的。在生态系统尺度与冠层尺度的测定相关系数相似。

Hilker 等(2008)构建了一个自动的多角度 PRI 系统(AMSPEC Ⅰ)，用于连续和长期测量植物冠层的反射率。该系统由光谱仪、可旋转的 PTU 探头和数据记录器组成，数据记录器安装在塔上，用于测量不同观测角度和太阳角度(方位角、天顶角)长时间序列的光谱反射率。此后，这种连续和长期的测量系统(即 AMSPEC Ⅱ)得到进一步发展，研究冠层多角度 PRI 与植物生理过程之间的关系(Hilker et al.，2010)。近年，AMSPEC Ⅲ优化先前设计中存在的通信问题，AMSPEC Ⅲ由安装在

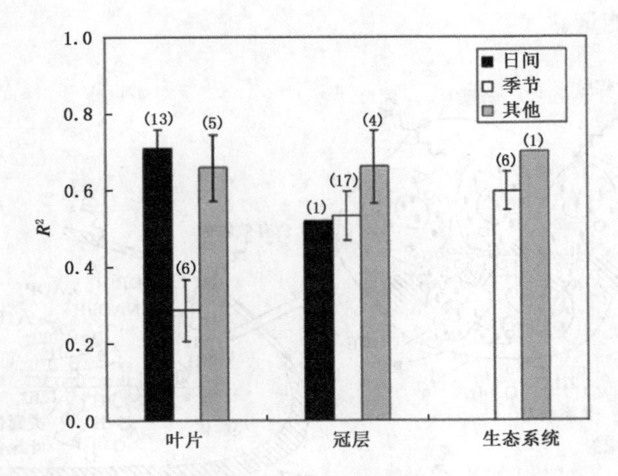

图1.4 不同尺度上LUE和PRI之间相关性(引自Garbulsky et al.,2011)

塔上并用继电器开关控制单个模块,允许系统进行远程电源重启(Hilker et al.,2015)。研究表明,使用连续和全年的光谱观测结果,LUE和冠层PRI之间存在很强的非线性关系。此外,最近研究表明使用卫星数据可以大规模地研究PRI和LUE之间的关系(Hilker et al.,2010)。

研究表明,在叶片和冠层尺度上,PRI与不同物种、不同植物功能类型和不同时间尺度上LUE密切相关(Gamon et al.,1990,1992; Penuelas et al.,1995; Hall,2008; Hilker et al.,2010; Garbulsky et al.,2011)。但还需要进一步研究以消除PRI信号的影响因素,并解决潜在的混淆因素,进而可以使用高光谱遥感技术改善不同生物群落中的CO_2通量评估。

冠层PRI因其对阳叶和阴叶的敏感性而随太阳角度的变化而变化(Hall et al.,2008; Hilker et al.,2008)。冠层PRI的影响因素需要系统地研究,大多数情况下冠层PRI两叶分离的方法可以减少一些外部因素(如观测几何)对PRI信号的影响,提高了冠层PRI对LUE估算的准确性(Zhang et al.,2017)。

1.4 叶绿素荧光

在光系统水平上,荧光量子产率(ΦF)在很大程度上取决于上述光化学和非光化学过程的能力,而荧光光谱特性在很大程度上取决于叶绿素蛋白质的构型和天线结构(即外部天线"OA";内部天线"IA")(图1.5)。气孔是叶片表面的细孔,白天气孔开放吸收空气中的CO_2进行光合作用。同时,水蒸气通过蒸腾作用从气孔逸出到空气。在光合作用过程中,叶肉细胞中的叶绿体将吸收PAR并释放荧光,消耗不用于光合作用的部分能量。

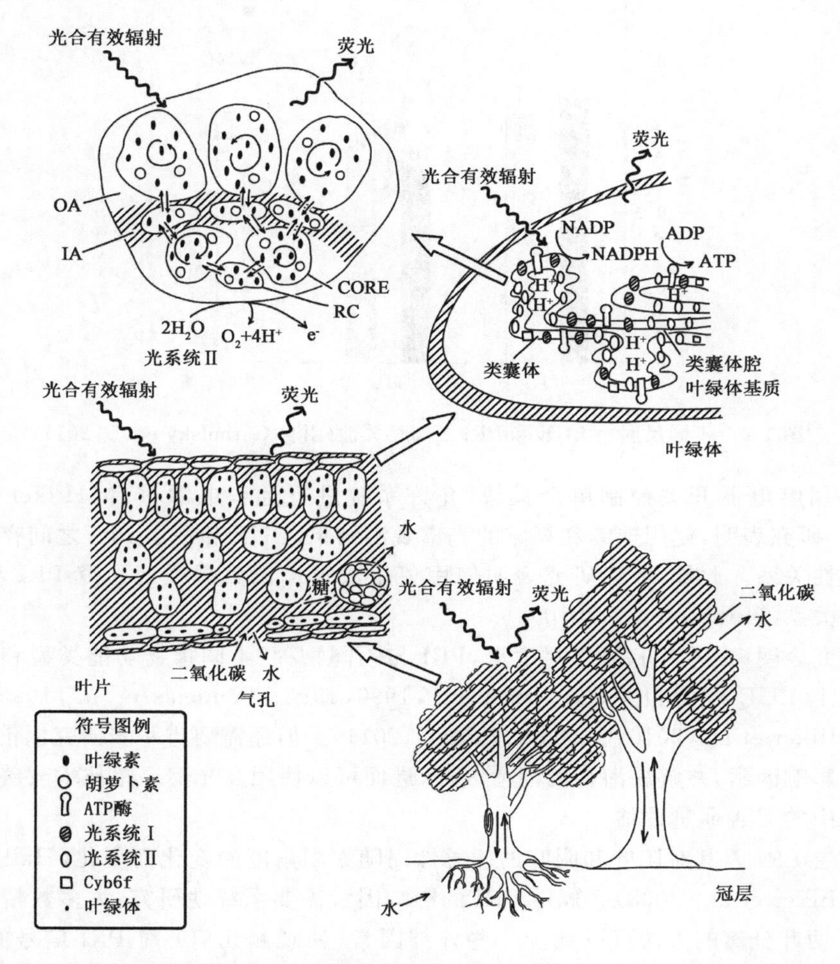

图 1.5　从光系统尺度到冠层尺度叶绿素荧光与光合作用过程(改自 Porcar-Castell et al.,2014)

在叶绿体水平上,光系统 II(PSII)和光系统 I(PSI)协作以吸收光合有效辐射,并共同贡献最终的荧光信号,且 PSII 和 PSI 之间的量子产率和光谱性质也不同。

在冠层水平上,光质和光强的垂直梯度产生了光系统大小、PSII ∶PSI 化学计量、类囊体组织、叶片形态和叶片色素浓度的梯度,叶绿素荧光信号及其与光合作用关系的复杂度随尺度的增加而增加。高空间分辨率的冠层 SIF 观测数据提供一些证据,表明冠层 SIF 的空间变化是由冠层内光合作用的变化所引起(Pinto et al.,2016)。与太阳有关的时间变化和冠层的空间分布极大地决定了入射 PAR 的水平,从而调节不同植被冠层 SIF 的日间动态特征。

冠层总 SIF 主要来自阳叶(图 1.6)，阴叶对 GPP 相对贡献随着 LAI 和扩散辐射的比例而增加(Gu et al.，2002；Chen et al.，2003)，并且可以达到 60%左右(Zhang et al.，2012)。阴叶 APAR 和 SIF 远低于阳叶叶片，而阴叶 LUE 则高于阳叶。阴叶 SIF－GPP 线性关系斜率大于阳叶的斜率(Zhou et al.，2016)。因此，有必要将冠层总 SIF 分成阳叶和阴叶两部分。此外，研究发现 SIF 中存在明显的角度变化。在 SIF 测量中，传感器的观测角度会带来一些不确定性。

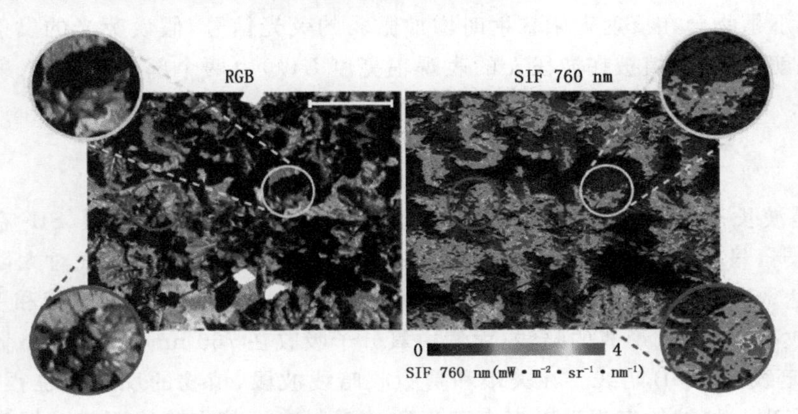

图 1.6　冠层的真实彩色图像(左)和 760 nm 处的相应 SIF 图(右)
(引自 Pinto et al.，2016)

叶绿素吸收 400～700 nm 波长范围内的能量，其中一部分以叶绿素荧光的形式在 660～800 nm 的光谱范围内重新发射，发射光谱位于红色和近红外区域，其特征是在大约 688 nm 和 740 nm 处有两个峰(图 1.7a)。

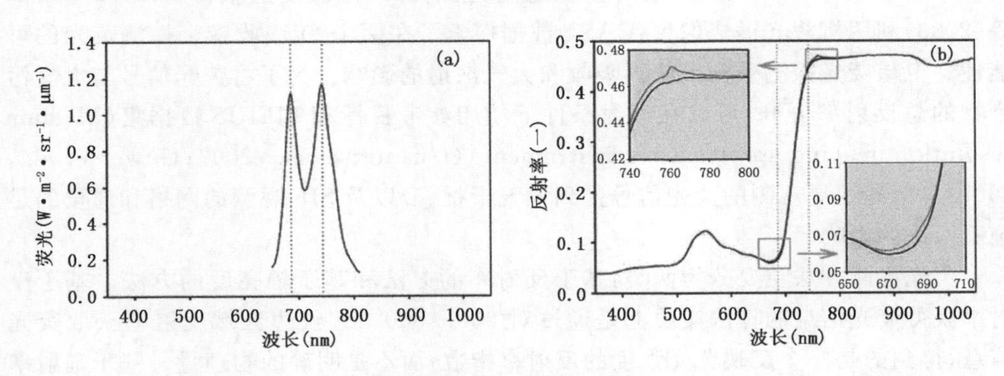

图 1.7　叶绿素荧光反射率光谱(a)和叶片反射率(b)(引自 Meroni et al.，2009)

SIF 是植物光合作用过程中的副产物，SIF 可能比基于反射率的其他指标更能直接监测光合作用。近年来，研究人员一直关注 SIF，大多数有关 SIF 的研究都是在叶片尺度进行(Genty et al.,1989; Pfündel,1998; Franck et al.,2002)。如图1.7b所示,研究表明SIF信号会叠加在叶片反射率信号之上(Meroni et al.,2009)。光化学反应发生在PSII中,电子从水分子中释放出来,然后传递到PSI中的电子载体。分子氧在PSII中形成。不同物种中PSI荧光的贡献高达30%～50%。许多研究使用Schreiber等(1986)开发的调制叶绿素荧光方法在叶片尺度上测量荧光,这些测量结果都有助于了解光合作用机理。

光照下植物会在反射太阳辐射时增加微弱的荧光信号,假设荧光的发射和地物表面都是朗伯的,则植被在波段λ的表观辐亮度$L(\lambda)$由两个部分组成:入射光的反射($r,E/\pi$)和植物释放的荧光(F),如:

$$L(\lambda)=\frac{r(\lambda)E(\lambda)}{\pi}+F(\lambda) \tag{1.9}$$

式中:λ是波长;r是反射率;E是入射到植被的总辐照度。研究表明,SIF在自然光下非常微弱,只相当于植被吸收光能的0.5%～2%。然而,由于大气对太阳光谱的吸收,到达地表的太阳光谱中有许多波段宽度为0.1～10的暗线,即夫琅和费吸收暗线:氢吸收在656 nm形成的暗线;大气中氧分子吸收在760 nm和687 nm附近形成的O_2-A暗线和O_2-B暗线。在夫琅和费吸收暗线波段,植物的反射光也很微弱,荧光凸显,表现为植被的表观反射率大于真实的反射率。其中暗线距离叶绿素荧光峰比较远,O_2-A和O_2-B暗线在叶绿素荧光峰内,但O_2-A暗线的深度和宽度都大于O_2-B暗线,因此O_2-A暗线被视为最佳的遥感荧光探测波段。SIF探测需要高光谱分辨率的遥感信号,因为上述三个波段的波段位置,宽度和深度都取决于分辨率(图1.7)。

Meroni等(2009)荧光测量可以在地基、空基和天基尺度上获得。Zarco-Tejada等(2003)利用机载光谱成像仪(CASI)数据探索了在两个O_2吸收带上探测荧光的可能性。卫星荧光探测受到大气再吸收和大气散射的影响。为了将荧光信号与大气污染物的总反射率分开,可以在散射条件下使用参考目标和MERIS数据集(Medium resolution imaging spectrometer instrument)(Guanter et al.,2007;Gower et al.,2007)。但是卫星观测的荧光信号受到大气干扰、云以及SIF观测的网格和通量的足迹不匹配的影响。

荧光检测方法主要分为两类:基于反射率的方法和基于辐亮度的方法。基于反射率获得荧光信息的算法实质上是通过对650～800 nm红边区域反射率获取荧光信息,得到的是一个反映荧光强度的反射率指数,而不是明确的物理量。基于辐射率的方法可以估算荧光,该类方法利用一个在夫琅和费线内的波段和一个或多个在夫琅和费线外波段的表观辐亮度,基于一定的假设估算自然光激发的荧光对“夫琅和费井”的填充程度,获取荧光信息,表示为:

$$F=f(L(\lambda_{in}),L(\lambda_{out-1}),L(\lambda_{out-2}),\cdots,L(\lambda_{out-n})) \tag{1.10}$$

式中：$L(\lambda_{in})$ 为夫琅和费线内波段的表观辐亮度；$L(\lambda_{out-i})$为夫琅和费线外第 $I \in [1, n]$波段的表观辐亮度，建立在夫琅和费线内外波段的反射率和荧光相关联假设之上。基于辐射的方法常见的是夫琅禾费暗线方法(Franuhofer Line Deiscrimination, FLD)(图 1.8)。FLD 方法需要在两个波段中测量太阳辐照度(E)和地物辐照度(L)(式 1.11)。图 1.8 显示了使用地面测量中的 O_2-A 利用夫琅禾夫暗线推导荧光信号的示例。假设在这两个波段中反射率(r)和荧光(F)恒定，则可以使用以下式计算荧光：

$$F = \frac{E(\lambda_{out}) \cdot L(\lambda_{in}) - E(\lambda_{in}) \cdot L(\lambda_{out})}{E(\lambda_{out}) - E(\lambda_{in})} \tag{1.11}$$

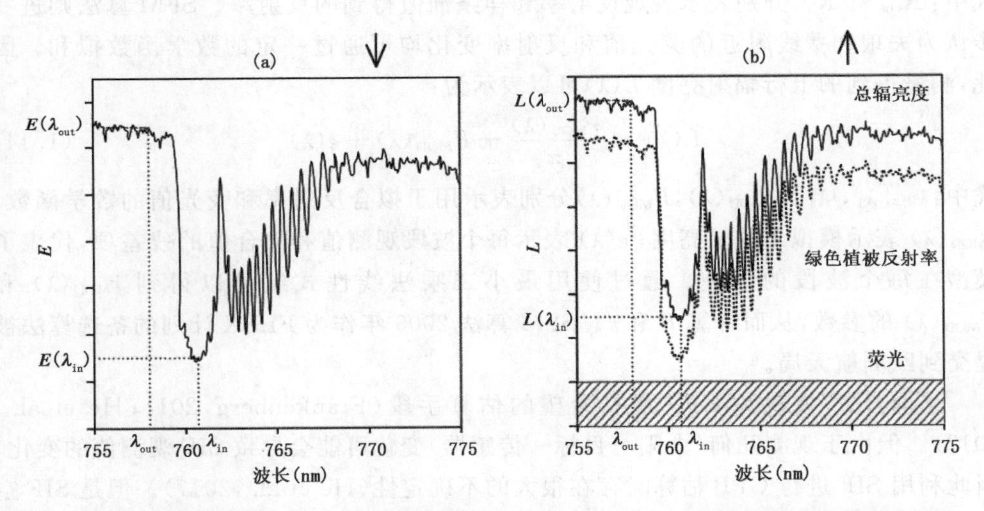

图 1.8　FLD 算法的基本原理(a)太阳的辐照度光谱(b)观测的地物总的辐亮度光谱（蓝色）叶绿素荧光（红色面积）和 绿色植被反射率光谱(绿色)（引自 Meroni et al.,2009）

在 FLD 算法的基础上发展了一系列改进的算法：基于多光谱数据的 3FLD(3 bands FLD)(Maier et al.,2003)和 cFLD (correct FLD)(Moya et al.,2006)、基于高光谱的 iFLD (improved FLD)(Alonso et al.,2008)、eFLD(Mazzoni et al.,2008)和 SFM(Spectral Fitting Method)方法(Meroni et al.,2006；Guanter et al.,2009)等。3FLD 算法依然假定荧光值不变，但是假定的反射率在很窄的波段范围内线性变化，需要一个夫琅和费线内的波段和两个分别位于夫琅和费线两侧的波段(λ_{left},λ_{right})计算得到。

然而 cFLD 和 iFLD 获取校正系统的方法不同。cFLD 算法中的荧光校正系数 α_F 利用叶面尺度真实的荧光值计算得到，反射率校正系数 α_r^*，则需要 n 个夫琅和费线外的波段以及一个夫琅线内的波段。iFLD 算法假设真实反射率的形状与表观反射率的形状相似，由于夫琅和费线的存在，使得在夫琅和费线处反射率因受到荧光影响出现明显峰值。算法使用3次样条函数对夫琅和费线两侧的波段进行差值，得到假设没有夫琅和费线存在时夫琅和费线波段处的反射率。通过计算，反射率校正系统 α_r^* 与荧光校正系统 α_F 之间的关系为：

$$\alpha_F^* = \frac{\alpha_r^* \times E(\lambda_{\text{out}})}{E_{\text{in}}^{\sim}} \tag{1.12}$$

式中：$E(\lambda_{\text{out}})$ 为夫琅和费线外的辐照度；$E_{\text{in}}^{\sim}$ 为三次样条函数差值得到的夫琅和费线处的辐照度。反射率校正系数 α_r^* 的计算方法如下：

$$\alpha_r^* = \frac{R_{\text{out}}^*}{R_{\text{in}}^{\sim}} \tag{1.13}$$

式中：R_{out}^* 和 $R_{\text{in}}^{\sim}$ 分别表示表观反射率和样条插值得到的反射率。SFM算法则进一步认为夫琅和费线附近的荧光值和反射率变化均可通过一定的数学函数拟和。因此，测量得到的上行辐射亮度 $L(\lambda)$ 可以表示为：

$$L(\lambda) = \frac{r_{\text{MOD}}(\lambda)}{\pi} + F_{\text{MOD}}(\lambda) + \varepsilon(\lambda) \tag{1.14}$$

式中：$\lambda \in [\lambda_1, \lambda_2]$，$r_{\text{MOD}}(\lambda)$，$F_{\text{MOD}}(\lambda)$ 分别表示用于拟合反射率和荧光值的数学函数；$r_{\text{MOD}}(\lambda)$ 表示模拟出的辐亮度；$\varepsilon(\lambda)$ 表示每个波段观测值和拟合值的残差项，代表了模型在每个波段的误差。通过使用最小二乘法线性式组可以得到 $r_{\text{MOD}}(\lambda)$ 和 $F_{\text{MOD}}(\lambda)$ 的参数，从而计算 F 和 r。SFM算法2005年作为FLEX计划的备选算法被提交到欧洲航天局。

当前，SIF被视为GPP最有希望的估算手段(Frankenberg，2011；He et al.，2017)。但由于观测几何(太阳—目标—传感器)变化可能会导致SIF观测值的变化，因此利用SIF进行GPP估算时存在很大的不确定性(He et al.，2017)。但是SIF空间分布是异质的，目前SIF通常仅从一个角度进行测量，无法代表冠层平均状况。

1.5 光化学反射指数与荧光关系

LUE是估计GPP和净初级生产力(NPP)模型的一个重要输入，准确地估计LUE对于生态学研究具有重要的意义。PRI和SIF之间关系的研究目前较少，研究表明PRI和SIF比率(SIF_{687}/SIF_{760})有很强的负相关性(Middleton et al.，2012)。非光化学淬灭过程(NPQ)受叶黄素循环调节。叶黄素循环过程是可逆的，紫黄质脱环氧化成玉米黄质和花药黄质(Middletonet al.，2009；Demming，1996；Gamon et al.，1997)。PRI可以指示叶黄素循环的过程，该指数基于531 nm处的反射率和570 nm处的反射率来探测叶黄素的变化(Gamon，1990)。光化学植被指数不论在叶片尺度，冠层尺度，还是生态系统尺度都能够很好地估算LUE。研究表明，PRI和

LUE的关系受许多种因素影响，主要包括冠层结构、叶面积指数、土壤背景反射率和色素含量等(Zarco-Tejada et al.，2013；Hilker et al.，2008)。Atherton等(2016)建立了基于PRI和NPQ的线性回归模型，基于同一时刻的测得的NPQ和观测的PRI，建立一个经验模型：

$$NPQ(t) = p_2 \times PRI(t) + p_1 \tag{1.15}$$

模型中p_2和p_1分别是补偿系数和斜率参数，PRI和NPQ分别为同一时刻测量值。另一个重要的光保护过程是SIF，通过荧光形式散失掉一部分能量，以避免损伤光合器官。SIF经常被用于评价光合结构功能和环境胁迫的影响，通过植物光合作用过程中荧光特性的探测可以了解植物的生长、病害及受胁迫等生理状况。除了植物自身的生理、生化因素的影响外，SIF还与外部环境有关，如光照、温度、湿度等。

SIF和NPQ是植物进行碳固定的机制中很重要的一个部分。随着遥感技术的发展，特别是提供了更高光谱分辨率的传感器。在冠层尺度上，NPQ和SIF可以提供一些光合作用的信息，特别是基于遥感观测的PRI、SIF和LUE都有很强的相关性，在760 nm处的SIF和LUE关系更加明显，PRI和SIF的关系，以及与LUE之间的关系还需要进一步的研究。SIF在季节尺度对GPP的估算目前尚不清晰，还需进一步研究。另外PRI和SIF在农田的不同生长季的变化规律，以及两者之间的变化规律，且受何种植物生理学机制的影响还需要在将来进一步研究。

光能被PSⅡ吸收后，植物吸收的太阳辐射能量用于三个方面，一是推动光化学反应，二是转化为热散失，三是以荧光的形式发射出去(图1.9)。这三者在植被生理上是密切相关的，存在着近似的此消彼长的关系。叶绿素荧光主要由PSⅡ天线发射，光能转化成化学能时，荧光减少，称为光化学淬灭(Qp，PQ)，不参加光化学过程的荧光淬灭，称为非光化学淬灭(qN，NPQ)。NPQ有三种主要机制：其一，依赖PH梯度或者依赖能量机制(qE)；其二，光抑制qI；其三，从PSⅡ到PSⅠ能量重新分配(状态转变qT)。其中NPQ参数被Porcar-Castell (2014)定义为：

$$NPQ = \left(\frac{F_{mR}}{F'_m} - 1\right) \tag{1.16}$$

相似的，PQ (Photochemical quenching) 这个参数被定义为

$$PQ = \left(\frac{F_{mR}}{F} - \frac{F_{mR}}{F'_m}\right) \tag{1.17}$$

在类囊体膜上的光电子传递由PSⅠ、PSⅡ和$Cytb_6f$等组成的，NPQ主要跟PSⅡ有关(图1.10)。

PSⅡ的结构和功能，PSⅡ的颗粒较大，直径约为17.5 nm，主要分布在类囊体膜的朵叠部分。PSⅡ的水裂解放氧，也称希尔反应，即在光照下，叶绿体类囊体能将含有高铁的化合物(如高铁氰化物)还原为低铁化合物，并释放氧。

$$4Fe^{3+} + 2H_2O \xrightarrow{光} 4Fe^{2+} + O_2 + 4H^+ \tag{1.18}$$

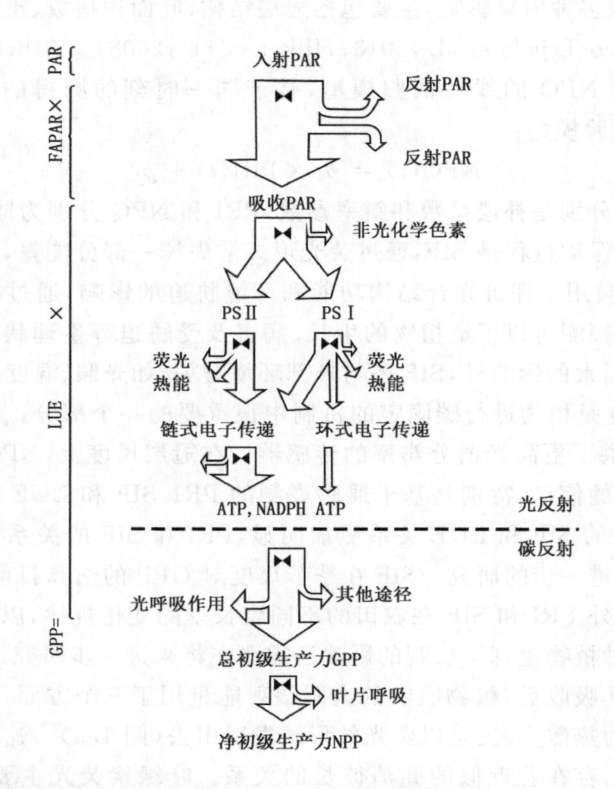

图 1.9　光合能量在叶片尺度上的分布及光能利用率模型(改自 Porcar-Castell, 2014)

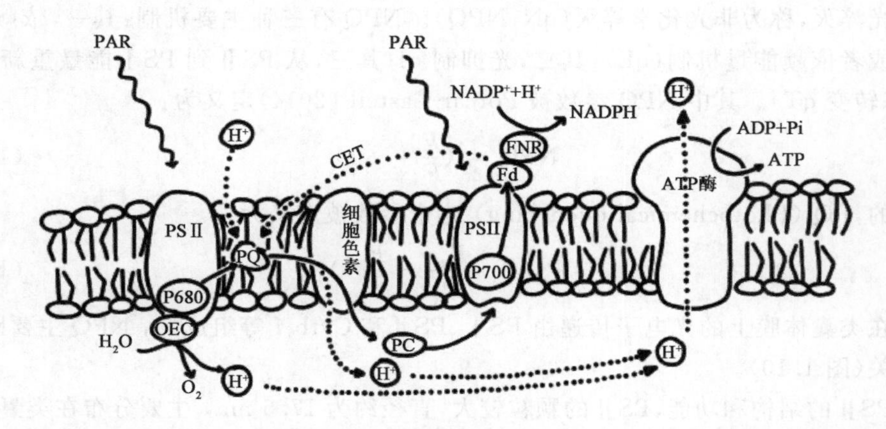

图 1.10　PSII、$Cytb_6f$ 复合体、PSI 和 ATP 合成酶复合体中的电子和质子传递路径
(改自 Porcar-Castell et al. ,2014)

PSⅡ电子传递过程可分为两个部分，第一个部分是P680激发前将水裂解放氧；第二个部分P680激发后将电子传至质体醌(PQ)，最后传至PC。第一个部分的电子传递过程：H_2O→放氧复合体(锰聚集)→Tyr(酪氨酸残基)→P680。第二个部分的电子传递过程：P680→Pheo→PQ_A→PQ_B。

PSI的结构和功能，PSI的颗粒较小，直径11 nm，主要分布在类囊体膜的非垛叠部分；PSI由分应中心复合体和捕光复合体I(LHCI)等亚单位组成。PSI复合体的功能是将电子从PC传递给铁氧还蛋白。PSI反应中心复合体有PsaA、PsaB和PsaC三条多肽链组成。PSI捕光天线LHCI环绕在反应中心周围，吸收光能后以诱导共振方式传递给P700，激发后的P700便将电子传递给原初电子受体A_0(叶绿素a)次级电子受体A_1(叶醌)及三个不同的Fe-S蛋白(FeSx，FexS_A, FeS_B)，最后交给氧还原蛋白(Fd)。PSI复合体上的电子传递途径是：P700→A_0→A_1→FeSx→FeS_A/FeS_B→Fd。

光合电子传输途径有下列三种：其一，非环式电子传递，PSII和PSI共同受光激发时，串联起来推动电子传递，从水中夺电子并最终传递给$NADP^+$，产生O_2和$NADPH+H^+$，这个是开放式的通路，故称非环式电子传递。在正常生理条件下，以非环式电子传递为主。电子传递路线：H_2O→PSII→PQ→Cytb_6f→PC→PSI→Fd→FNR→$NADP^+$。其二，环式电子传递，是指PSI受光激发而PSII未受光激发时，PSI产生的电子传给Fd，通过Cytb_6f复合体和PC返回PSI，形成围绕PSI的环式电子传递。在正常条件下，环式电子传递只有非环式传递的3%左右，但在胁迫的条件下就会增强，对光合作用起调节作用。电子传递路线：PSI→Fd→PQ→Cytb_6f→PC→PSI。其三，假环式电子传递与非环式电子传递的途径相似，只是水光解的电子不传给$NADP^+$，而是传给分子O_2，形成超氧阴离子自由基(O_2^-)，后被超氧化物歧化酶(SOD)分解产生H_2O。电子似乎是从H_2O→H_2O，故称假环式电子传递。本过程往往在强光下、$NADP^+$供应不足时发生。

光合作用过程中叶片NPQ迅速变化，以消散光合作用中无法使用的多余能量(Genty et al.，1989)。整个过程发生在植物、藻类和蓝细菌的光合膜上(Demming-Ada ms et al.，1996)。NPQ归因于叶黄素循环色素，尤其是玉米黄质(Z)的过程。一些PSII蛋白被质子化，并且释放紫黄质(V)分子并脱环氧化为玉米黄质和花药黄质(A)。玉米黄质与PSII中的蛋白质结合，在其中形成淬灭复合物，有利于以热的形式耗散掉激发能(Eskling et al.，2001)。

调制叶绿素荧光，全称脉冲振幅调制技术(PAM，Pulse-Amplitude-Modulation)为详细研究NPQ开辟了新的机遇(Ruban，2016；Scheriber et al.，1986)。图1.11描绘了一个典型的PAM测量过程，评估PSII反应中心在高强度脉冲(持续时间通常为0.5～1.0 s)。F_o：最小荧光产量(Minimal fluorescence)或初始荧光产量。充分暗适应叶片(PSⅡ反应中心处于完全开放状态)照以极弱的测量光后发出的荧光。

此时光化学猝灭系数 qP=1,非光化学猝灭系数 qN=0。一般认为,这部分荧光是在天线中的激发能尚未被反应中心捕获之前,由叶绿体天线发射出。F_m:最大荧光产量(Maximal fluorescence)是 PSⅡ反应中心完全关闭时的荧光产量,通常叶片经暗适应至少 20 min 后照以饱和脉冲光后测得。此时光化学和非光化学荧光猝灭均为0(qP=0,qN=0)。F_m 可反映通过 PSⅡ的电子传递最大潜力。F_s:稳态荧光产量,即在光照下,光—暗反应达到动态平衡时的荧光产量(等同于被动荧光技术 SIF)。F_t:任意时间荧光产量。$F_v=F_m-F_o$,可变荧光,反映 Q_A 的还原状况。F_v/F_m:PSⅡ最大光化学量子产率 (Maximal quantum yield of PSII in dark, 或 Maximal PSⅡ efficiency),反映 PSⅡ反应中心内光能转换效率;F_v'/F_m':在稳态光照下 PSⅡ最大光化学量子产率转换效率(Maximal quantum yield of PSII in light),$\Delta F/F_m'$:实际 PSⅡ光化学效率,反映在稳态光照下 PSⅡ反应中心在部分关闭下的实际光化学量子产率。$qP=(F_m'-F_s)/(F_m'-F_o')$,光化学淬灭,反映 PSII 反应中心吸收光能用于光化学反应的份额;$qN=1-(F_m'-F_o')/(F_m-F_o)=1-F_v'/F_v$,非光化学淬灭反映 PSII 反应中心吸收光能用于非光化学反应的份额;非光化学淬灭 $NPQ=F_m/F_m'-1$。

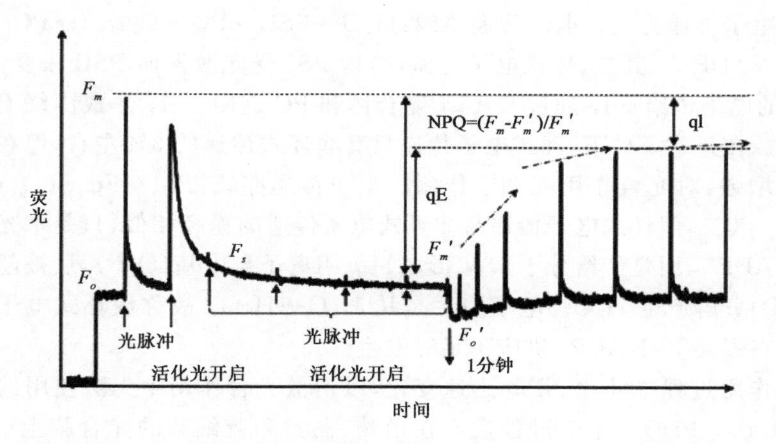

图 1.11 PAM 荧光仪器测量叶绿素荧光参数(引自 Ruban,2016)

SIF 和 PRI 观测具有改善全球 GPP 估算的潜力。光合速率与光化学和非光化学过程的能量流动有关。近年来,联合 SIF 和 PRI 起来监测植被光合速率是当前研究的热点之一。目前,SIF 通常用于监测 GPP,而 PRI 通常用于监测植被 LUE。在估计光合作用速率时,一些研究人员开始关注 SIF 和 PRI 及其组合的关系。根据 Porcar-Castell 等(2014),红光 SIF 和远红光 SIF 的比率与 LUE 和 PRI 都具有良好的相关性。

Atherton 等(2016)使用芬兰赫尔辛基大学校园森林的叶片观测数据和蒙特卡

罗叶绿素荧光辐射传输模型来区分PSI和PSII的相对贡献。基于PSII和NPQ的叶绿素荧光内部产量，建立了PSII中光化学量子产率的模型。由于ΦP与光合作用效率的高度相关性，本研究为联合SIF和PRI监测植被光合速率提供了理论基础。

目前，SIF和PRI可用于大规模探测叶片的光合作用速率及其对环境胁迫的响应。在这项研究中，研究了植被SIF和PRI与光合速率的关系。不同作物中PRI、SIF和叶片光合速率之间的关系不同。为了不同研究目的，设计了三个实验。选择这些作物是因为它们在中国种植最广泛。玉米和小麦是旱地作物，而水稻是湿地作物。选择玉米来研究光合作用对水分胁迫的响应。水稻的生长期长于小麦，选择水稻来研究叶片生物化学的季节性变化。选择小麦来研究角度归一化和将冠层SIF分离。

1.6　小结

当前利用高光谱技术手段研究气候变化研究存在以下问题：以SIF为例，植被SIF处于不断变化之中，即取决于其生长阶段和健康状态，也对温度、光照等外部因素敏感且反应迅速，如何基于遥感的瞬时冠层准确估算荧光强度，进而推断植被的胁迫状态等信息是一个极具挑战的难题。植被的荧光信号比较微弱，对仪器的灵敏度和信噪比也具有极高的要求。解决上述难题，需要引入植物生理学的最新研究成果，并开展大量卫星和地面尺度的观测实验。

参考文献

童庆禧，张兵，张立福，2016. 中国高光谱遥感的前沿进展[J]. 遥感学报，20(5)：690-700.

王效科，刘魏魏，逯非，等，2015. 陆地生态系统固碳166问[M]. 北京：科学出版社.

于贵瑞，李海涛，王绍强，2003. 全球变化与陆地生态系统碳循环和碳蓄积[M]. 北京：气象出版社.

ALONSO L，GOMEZ-CHOVA L，VILA-FRANCES J，et al，2008. Improved Fraunhofer Line Discrimination method for vegetation fluorescence quantification[J]. IEEE Geoscience and Remote Sensing Letters，5(4)：620-624.

ATHERTON J，NICHOL C J，PORCAR-CASTELL，2016. Using spectral Chlorophyll fluorescence and the photochemical reflectance index to predict physiological dynamics[J]. Remote Sensing of Environment，176：17-30.

BALDOCCHI D D，1993. Scaling water vapor and carbon dioxide exchange from leaves to a canopy：rules and tools[J]. Scaling physiological processes，77-114.

BONAN G B，1995. Land-atmosphere CO_2 exchange simulated by a land surface process model coupled to an atmospheric general circulation model[J]. Journal of Geophysical Research：Atmospheres (1984-2012), 100(2):2817-2831.

CHEN J M, 2021. Carbon neutrality: Toward a sustainable future [J]. The Innovation, 2 (3):100127.

CHEN J M, CIHLAR J, 1997. A hotspot function in a simple bidirectional reflectance model for satellite applications[J]. J Geophys Res, 102(D22):25907-25913.

CHEN J M, LIU J, LEBLANC S C, et al, 2003. Multi-angular optical remote sensing for assessing vegetaion structure and carbon absorption[J]. Remote Sensing of Environment, 84: 516-525.

COPPO P, TAITI A, PETTINATO L, et al, 2017. Fluorescence Imaging Spectrometer (FLORIS) for ESA FLEX Mission[J]. Remote Sensing, 9:1-18.

DAI Y, DICKINSON R E, WANG Y P, 2004. A two-big-leaf model for canopy temperature, photosynthesis, and stomatal conductance[J]. Journal of Climate, 17(12):2281-2299.

DEMMIG ADA MS B, ADA MS III W W, 1996. The role of xanthophyll cycle carotenoids in the protection of photosynthesis[J]. Trends in Plant Science, 1:21-26.

DRUSCH M, MORENO J, GOULAS, Y, et al, 2008. Candidate earth explorer core missions—Reports for assessment: Flex—Fluorescence explorer, European Space Agency, Paris, France.

ESKLING M, EMANUELSSON A, AKERLUND H, 2001. Enzymes and mechanisms for violaxanthin-zeaxanthin conversion[J]. Hormonal regulation of photosynth, 11:433-452.

FARQUHAR G D, CAEMMERER S V, BERRY J A, 1980. A Biochemical-Model of Photosynthetic CO_2 Assimilation in Leaves of C3 Species[J], Planta, 149(1):78-90.

FRANCK F, JUNEAU P, POPOVIC R, 2002. Resolution of the photosystem I and photosystem II contributions to chlorophyll fluorescence of intact leaves at room temperature[J]. Biochimica et Biophysica Acta (BBA)—Bioenergetics, 1556(2):239-246.

FRANKENBERG C, 2011. New global observations of the terrestrial carbon cycle from GOSAT: Patterns of plant fluorescence with gross primary productivity[J], Geophysical Research Letters, 38:1-6.

GAMON J A, FIELD C B, BILGER W, et al, 1990. Remote-Sensing of the Xanthophyll Cycle and Chlorophyll Fluorescence in Sunflower Leaves and Canopies[J]. Oecologia, 85(1):1-7.

GAMON J A, PENUELAS J, FIELD C B, 1992. A Narrow-Waveband Spectral Index That Tracks Diurnal Changes in Photosynthetic Efficiency[J]. Remote Sensing of Environment, 41:35-44.

GAMON J A, SERRANO L, SURFUS J S, 1997. The photochemical reflectance index: an optical indicator of photosynthetic radiation use efficiency across species, functional types, and nutrient levels[J]. Oecologia, 112(4):492-501.

GARBULSKY M F, PENUELAS J, GAMON J, et al, 2011. The photochemical reflectance index (PRI) and the remote sensing of leaf, canopy and ecosystem radiation use efficiencies A review and meta-analysis[J]. Remote Sensing of Environment, 115:281-297.

GENTY B, BRIANTAIS J M, BAKER N R, 1989. The relationship between the quantum yield of photosynthetic electron-transport and quenching of chlorophyll fluorescence[J]. Biochimica et Biophysica Acta, 990:87-92.

GOWER J,KING S,2007. Validation of chlorophyll fluorescence derived from MERIS on the west coast of Canada[J]. International Journal of Remote Sensing, 28(3-4):625-635.

GU L,BALDOCCHI D D,VEMA S B,et al,2002. Superioty of diffuse radiation for terrestrial ecosystem productivity[J]. Journal of Geophysical Research, 97:19061-19089.

GUANTER L,ALONSO L,GÓMEZ-CHOVA L,et al,2007. Estimation of solar—induced vegetation fluorescence from space measurements[J]. Geophysical Research Letters, 34(8):1-5.

GUANTER L, SEGL K, KAUFMANN H, et al, 2009. Atmospheric corrections for fluorescence signal retrieval[R]. Final Report ESA-ESTEC Contract 20882/07/NL/LvH.

HALL F G,2008. Multi-angle remote sensing of forest light use efficiency by observing PRI variation with canopy shadow fraction[J]. Remote Sensing of Environment, 112(7):3201-3211.

HE L,CHEN J M, LIU J,et al,2017. Angular normalization of GOME-2 Sun-induced chlorophyll fluorescence observation as a better proxy of vegetation productivity[J]. Geophysical Research Letters, 44(11):5691-5699.

HILKER T,COOPS N C,HALL F G,et al,2008. Separating physiologically and directionally induced changes in PRI using BRDF models[J]. Remote Sens Environ,112:2777-2788.

HILKER T,COOPS N C,HALL F G, et al,2015. A modeling approach for upscaling gross ecosystem production to the landscape scale using remote sensing data[J]. Journal of Geophysical Research Biogeosciences, 113(G3):212-221.

HILKER T,NESIC Z,COOPS N C,et al,2010. A new, automated, multiangular radiometer instrument for tower-based observations of canopy reflectance (AMSPEC Ⅱ)[J]. Instrumentation Science and Technology, 38(5): 319-340.

MAIER S W,GÜNTHER K P,STELLMES M,2003. Sun-induced fluorescence: A new tool for precision farming. Digital imaging and spectral techniques: Applications to precision agriculture and crop physiology (digitalimaginga), 209-222.

MAZZONI AGATI G,DEL BIANCO S,2008. Sun-induced fluorescence retrieval in the O_2-B atmospheric absorption band[J]. Optics Express, 16(10):7014-7022.

MERONI M,COLOMBO R,2006. Leaf level detection of solar induced chlorophyll fluorescence by means of a subnanometer resolution spectroradiometer[J]. Remote Sensing of Environment, 103(4):438-448.

MERONI M,ROSSINI M,GUANTER L,et al,2009. Remote sensing of solar-induced chlorophyll fluorescence: Review of methods and applications[J]. Remote Sensing of Environment, 113(10):2037-2051.

MIDDLETON E M,CHENG Y B,HILKER T,et al,2009. Linking foliage spectral responses to canopy-level ecosystem photosynthetic light-use efficiency at a Douglas-fir forest in Canada[J]. Canadian Journal of Remote Sensing, 35:166-188.

MIDDLETON E M,CHENG Y B,CORP L A,et al,2012. Canopy level Chlorophyll Fluorescence and the PRI in a cornfield[J]. Geoscience and Remote Sensing Symposium (IGARSS), 1-4.

MONTEITH J,1972. Solar radiation and productivity in tropical ecosyste ms[J]. Journal of Applied Ecology, 9(3):747-766.

MOYA I,OUNIS A,MOISE N,et al,2006. First airborne multi-wavelength passive chlorophyll fluorescence measurements over La Mancha (Spain) fields. In J. A. Sobrino (Ed.), Second recent advances in quantitative remote sensing (820-825). Spain: Publicacions de la Universitat de Valencia

NOAA National Centers for Environmental Information. State of the climate:global climate Report for annual 2020. https://www.ncdc.noaa.gov/sotc/global/202013.

NORMAN J M,1982. Simulation of Microclimates[M]. Biometeorology in Integrated Pest Management.

PENUELAS J,FILELLA I,GAMON J A,1995. Assessment of Photosynthetic Radiation-Use Efficiency with Spectral Reflectance[J]. New Phytologist, 131(3):291-296.

PFÜNDEL E,1998. Estimating the contribution of photosystem I to total leaf chlorophyll fluorescence[J]. Photosynthesis Research, 56(2):185-195.

PINTO F, DAMM A, SCHICKLING A, et al, 2016. Sun-induced chlorophyll fluorescence from high-resolution imaging spectroscopy data to quantify spatio-temporal patterns of photosynthetic function in crop canopies[J]. Plant, Cell & Environment, 39(7):1500-1512.

PORCAR-CASTELL A,2011. A high-resolution portrait of the annual dynamics of photochemical and non-photochemical quenching in needles of Pinus sylvestris[J]. Plant Physiology, 143: 139-153.

PORCAR-CASTELL A,TYYSTJARVI E,ATHERTON J,et al,2014. Linking chlorophyll a fluorescence to photosynthesis for remote sensing applications: Mechanis ms and challenges[J]. Journal of Experimental Botany, 65:4065-4095.

RUBAN, 2016. Non-photochemical chlorophyll fluorescence quenching: mechanism and effectiveness in protecting plants from photodamage[J]. Plant Physiology, 170:1903-1916.

SCHREIBER U,SCHLIWA U,BILGER W,1986. Continuous recording of photochemical and non-photochemical chlorophyll fluorescence quenching with a new type of modulation fluorometer [J]. Photosynthesis Research, 10(1-2):51-62.

SELLERS P,BERRY J,COLLATZ G,et al,1992. Canopy reflectance, photosynthesis, and transpiration. III. A reanalysis using improved leaf models and a new canopy integration scheme [J]. Remote Sensing of Environment, 42(3):187-216.

TURNER D P,URBANSKI S BREMER D,et al,2003. A cross-biome comparison of daily light use efficiency for gross primary production[J]. Global Change Biology, 9:383-395.

VAN DER TOL C,VERHOEF W,ROSEMA A,2009. A model for chlorophyll fluorescence and photosynthesis at leaf scale[J]. Agricultural and Forest Meteorology, 149:96-105.

WANG Y P,LEUNING R,1998. A two-leaf model for canopy conductance, photosynthesis and partitioning of available energy I: Model description and comparison with a multi-layered model [J]. Agricultural and Forest Meteorology, 91(1):89-111.

WANG Z E,2014. Sunlit Leaf Photosynthesis Rate Correlates Best with Chlorophyll Fluorescence of Terrestrial Ecosyste ms, A thesis submitted in conformity with the requirements for the degree of Master of Science[J]. Department of Geography & Planning University of Toronto, 57:1-66.

ZARCO-TEJADA P, MILLER J, HABOUDANE D, et al, 2003. Detection of chlorophyll fluorescence in vegetation from airborne hyperspectral CASI imagery in the red edge spectral region. Paper presented at the Geoscience and Remote Sensing Symposium, IGARSS'03. Proceedings. IEEE International.

ZARCO-TEJADA P J, GONZÁLEZ-DUGO V, WILLIAMS L, et al, 2013. A PRI-based water stress index combining structural and chlorophyll effects: Assessment using diurnal narrow—band airborne imagery and the CWSI thermal index[J]. Remote Sens Environ, 138:38-50.

ZHANG F, CHEN J M, CHEN J Q, et al, 2012. Evaluating spatial and temporal patterns of MODIS GPP over the conterminous US against flux measurements and a process model[J]. Remote Sensing of Environment, 124:717-729.

ZHANG Q, CHEN J M, JU W M, et al, 2017. Improving the ability of the photochemical reflectance index to track canopy light use efficiency through differentiating sunlit and shaded leaves[J]. Remote Sensing of Environment, 194:1-15.

ZHOU Y L, WU X C, JU W M, et al, 2016. Global parameterization and validation of a two-leaf light use efficiency model fore predicting gross primary production across FLUXNET sites[J]. Journal of Geophysical Research-Biogeosciences, 127:1045-1072.

第2章 气候变化背景下干旱胁迫的指示

2.1 引言

近半个世纪以来,全球气候发生明显变化,CO_2 浓度显著升高。与工业化前水平相比,全球气温上升了约 1.2℃,干旱的频率和严重程度持续加剧(Alcamo et al.,2007; Anoop et al.,2016)。干旱将显著降低作物产量(Potopová et al.,2015a,2015b; Yetkin Ozum et al.,2016),有必要在全球或区域尺度内监测干旱,这些可以通过遥感光谱技术来实现(Bagher et al.,2016; Suárez et al.,2008; Rossini et al.,2013; Zarco-Tejada et al.,2012)。

遥感光谱信号 PRI 和 SIF 都可指示水分胁迫(Meroni et al.,2009)。另外,研究发现 NPQ 也可指示水分胁迫条件下植物生理生化参数的变化(Genty et al.,1989; Lu et al.,1999)。PRI 是基于 531 nm 和 570 nm 为中心的两个窄波段的反射率,可追踪 LUE 的日间变化(Gamon et al.,1992; Garbulsky et al.,2011)。近年来,PRI 对水分胁迫的敏感性在叶片和冠层尺度上都得到了实证 (Suárez et al.,2008; Zarco-Tejada et al.,2012; Gamon et al.,1992; Garbulsky et al.,2011)。在叶片尺度上,PRI 与叶黄素循环和热耗散过程有关,并随着水分胁迫增加而增加(Gamon et al.,1992; Panigada et al.,2014)。在冠层尺度上,PRI 被证实可以探测玉米早期生长阶段的水分胁迫(Rossini et al.,2013)。然而,PRI 探测水分胁迫的能力受到许多外部因素干扰,如观测几何和光照强度(Suárez et al.,2008; Barton et al.,2001)、冠层结构(Zarco Tejada et al.,2012; Hilker et al.,2008)和气象因子(Zhang et al.,2015,2017)。因此,探索 NPQ 和稳态荧光作为探测植物水分胁迫的辅助指标。

光合作用过程中叶片 NPQ 迅速变化,消耗掉无法用于光合作用的多余能量(Genty et al.,1989;Lu et al.,1999;Hilker et al.,2008;Porcar-Castell,2011;Karapetyan,2007;Koblizek et al.,2001)。NPQ 与叶黄素循环过程有关,特别是与玉米黄质(Z)与叶黄素循环过程密切相关。紫黄质(V)在其脱环氧化酶催化下脱环氧化,经中间产物玉米黄素(A)形成玉米黄质(Z)(Eskling et al.,2001)。土壤水分胁迫会导致叶片气孔导度降低,从而降低蒸腾速率和增加叶片温度(Ni et al.,2015; Sarlikioti et al.,2010)。联合叶片温度和 F_s 探测玉米在早期生长阶段受水分胁迫影响的变化,研究表明叶绿素荧光参数可反映植物早期水分胁迫过程生理生态特征的变化,在较高土壤水分胁迫水平下,叶片温度比气温升高快 (Ni et al.,2015)。通过打开 PSII 反应中心(F_v'/F_m')和光化学猝灭(PQ),非循环电子传输的量子产率与捕获激发电子的效率成正比(Genty et al.,1989)。由于植物叶片中 F_s 对水分胁迫的非常敏感,因此 F_s 可以用来探测土壤的水分胁迫(Flexas et al.,2000)。

尽管以往研究取得很多进展,但以下问题尚不清晰:(1)PSII 光化学量子产量(ΦP)、非光化学猝灭量子产量(ΦN)、荧光量子产量(ΦF)和结构性热散失 (ΦD)之间的关系;(2)PRI 和 NPQ 的探测水分胁迫的有效性;(3)在高度水分胁迫下 ΦP 与 ΦF 之间的关系。水是植物光合作用的基本成分,水分胁迫对植物的光合器官具有破坏性,比如 PSII 相关光合器官(Croft et al.,2013)。捕光色素蛋白复合物的变化可能导致光合效率的减少,NPQ 和 PQ 是两个主要指标,很多学者已经讨论过这两个指标,但结果并不一致。一些研究(Lu et al.,1999; Subrahmanyam et al.,2006)显示,NPQ 随着水分胁迫的增加而增加,而 PQ 对水分胁迫的反应(Lu et al.,1999; Subrahmanyam et al.,2006),或者发生微弱变化(Meroni et al.,2008)。另一些研究(如高粱和南非鸽草)观测到 PQ 随着水分胁迫增加而降低(Loreto et al.,1995)。因此,本章的内容将有助于了解 PQ 和 NPQ 在叶片尺度水分胁迫评估有效性。

通过对不同土壤水分条件下生长的玉米进行田间测量,研究目标如下:

(1)建立不同土壤水分胁迫水平下 ΦP、ΦN、ΦF 和 ΦD之间的关系。

(2)测定叶绿素与类胡萝卜素含量比值(Chl/Car),建立它们与 NPQ 和 PRI 在不同土壤水份之间的关系。

(3)分析利用 NPQ 和 PRI 探测玉米土壤水分胁迫的可行性。

2.2　冠层光谱和生理生化参数测定

实验地点在南京信息工程大学实验农场(31°20′N,18°70′E)(图 2.1)。年平均气温为 15.4℃,年平均降水总量入渗约为 1106 mm。土壤质地为壤土和黏质土,最大持水能力为 27.6%。

玉米于 2015 年 7 月 6 日种植(DOY* 187),种植面积为 90 m^2。种植 37 天,当时植物处于拔节阶段(Lancashire et al.,1991),五种不同灌溉处理的玉米田中,对叶片水平叶绿素荧光和冠层水平 PRI 进行了同步测量,田间持水量(FC)在 20%～90%之间:(1)W1:20%FC＜SWC＜35%FC;(2)W2:5%FC＜SWC＜45%FC;(3)W3:

* DOY 为 Day of year 的缩写,后同。

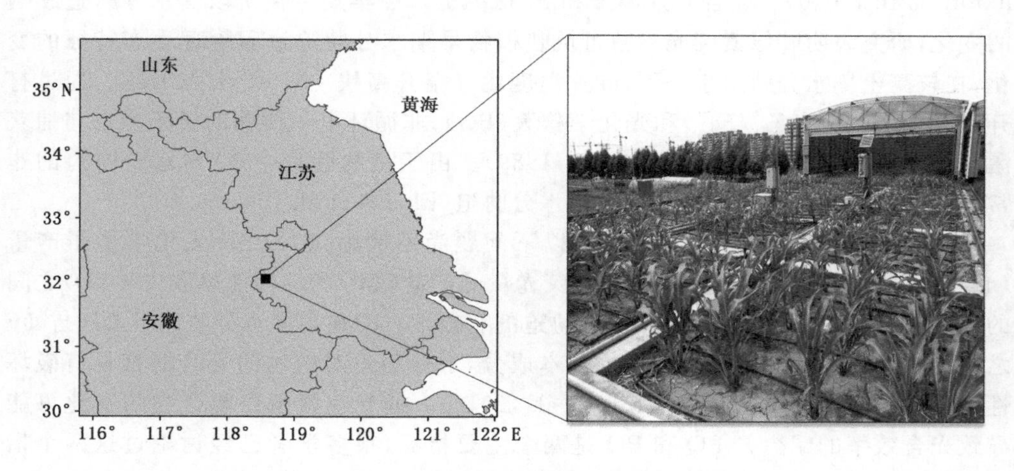

图 2.1 南京信息工程大学实验农场的地理位置

50%FC<SWC<60%FC;(4) W4:65%FC<SWC<75%FC;(5) W5:80%FC<SWC<90%FC,有两组处理,地块大小为 3 m×3 m。

实验采用了 10 个地块,并随机确定地块的空间分布。所有干旱处理是在种植后立即进行,并持续在整个生长季节,实验样区不同水分等级地块用水泥墙进行隔开。另外,实验样区上采用移动式避雨棚阻挡降水,以避免降水对每个地块内土壤湿度的影响。采用 Diviner2000 电容探头(澳大利亚 Sentek 环境技术公司)和 TDR 系统(德国 IMKOGmbH 公司)安装于每个地块,每小时可以自动测量和记录土壤湿度数据,计算所需灌溉水量,使用小孔隙的 PVC 管道自动灌溉地块,使其达到相应的水壤湿度水平。使用重量法对 TDR 系统进行校准。实验开始时在 0.7 m 深度取土芯,在 100℃下干燥 24 小时,然后称重。使用数据记录器(德国 IMKOGmbH 公司)记录。另外,在每个样区中有四个 HOBO U12(美国 OnsetComputerCorp 公司)微型记录器记录地块内土壤温度数据。此外,采用 Testo845 红外温度计测量叶片温度(德国 TestoAG 公司),Testo845 最大/最小值和报警限值仅用 100 ms 就能更新显示,在测量时能快速扫描被测物体表面的温度值,温度量程为−35～+900℃,精度±0.75℃。在同一时间测量叶片温度,以确保实验结果的准确性和可比性。

2.2.1 叶片色素及叶面积指数测定

在玉米冠层上部、中部和下部叶片分别取样,即从顶部开始测量第一片叶片、第四片叶片和第六片叶片。每颗玉米植物平均有 7 片叶子,每个样地中在早期生长阶段取样了三片叶子。另外,我们设计一个实验来测试采样叶片温度是否会影响在实验室中测量的叶片叶绿素含量。将叶片样品分别放入设置在 25℃、0℃、−5℃、

−20℃冰箱中 1 小时，之后提取叶绿素。发现在 25℃下测得的叶片叶绿素含量低于其他处理。但是，其他三种处理之间没有显著差异。因此，将叶片样品密封在塑料袋中，并保存在约 0℃的冰箱中，以便随后进行生化分析以提取叶片的叶绿素和类胡萝卜素含量。首先，在叶片上打 6 个圆孔（约 2.54 cm^2）并将它们研磨成匀浆，在匀浆中加入石英砂，$CaCO_3$ 粉和 2～3 mL 95％的乙醇并将组织研磨变白。将匀浆和残留物过滤到 10 mL 棕色容量瓶中，用于吸光度测量。使用 Shimadzu UV-1700 分光光度计在 470 nm、649 nm 和 665 nm 处测量光谱吸光度（Lichtenthaler et al.，1983）。叶绿素与类胡萝卜素的比值（Chl/Car）为叶绿素（包括叶绿素 a 和叶绿素 b）和类胡萝卜素的比值。在叶片采样的同一天测量叶面积指数（LAI）和聚集度指数（Ω）。LAI-2200 安装 270°遮光盖，最大程度地减少操作员和邻近地块的影响。LAI 值是通过对整个农作物垄行上的五个数据点求平均值得出，即在冠层上方测量一个 A 值和冠层下方测量五个 B 值计算得出。另外，据 Chen 等（1992）描述的方法，使用 TRAC 仪器获得了聚集度指数（Ω）数据。

2.2.2　叶片荧光参数测量

使用安装荧光叶室的 LI-6400（美国 LI-COR 公司）对生长初期植物叶片的 NPQ 和净光合速率（P_n）等参数进行测量。在晴天条件下，所有叶片荧光数据均 11:00—12:00 采集。将 LI-6400 设置在相同的光强度下，测量 10 个小区中叶的叶绿素荧光参数。然后，几乎同时采集了荧光数据和冠层光谱数据。在每个样地中测量了植物的三片叶子（分别在树冠的顶部、中部和底部）的叶绿素荧光参数。如上，对于每个树冠位置选择一片叶子，并且对每片叶子进行两次测量（两次重复）。因此，在每个日期对不同水分处理地块进行六次叶片水平测量。生态生理测量也是如此。被测植物在冠层光谱测量的视野内。P_n 是光合作用 CO_2 固定的总速率减去由于叶片暗呼吸导致的 CO_2 损失速率。经过整夜的黑暗适应后，使用 LI-6400 在 3:00—4:00 分别测量 F_o 和 F_m，并使用弱调制辐射（<0.1 μmol/(m^2·s)）测量了 F_o，并且饱和了 600 ms 闪速（>7000 μmol/(m^2·s)）用于测定 F_m。之后，用红蓝色光化光（1800 μmol/(m^2·s)）连续照射叶子，以记录 F_s 的荧光强度。随后，施加另一次饱和闪光（7000 μmol/(m^2·s)），然后确定在活化光下的最大荧光强度（F'_m）。闪光后，去除活化光并施加远红外光，然后测量活化光的最小荧光强度（F'_o）。玉米 F_v/F_m 在 0.75 至 0.85 之间，在测量过程中，当 dF/dt 绝对值<5 时，在过去的 10 s 内荧光信号的变化率被认为是稳定的。在测量过程中，叶室中的空气温度保持在尽可能接近 25℃的水平，相对湿度保持在 40％～80％之间，CO_2 浓度保持在 400 ppm 左右。根据 Bilger 等（1990）计算 NPQ 为 F_m/F'_m-1（其中 F_m'是环境光照下样品的最大荧光），而 PSII 实际光化学效率为计算为 $\Delta F/F'_m=(F'_m-F_s)/F'_m$（Genty et al.，1989）。

以往研究中（Porcar-Castell et al.，2012；Hendrickson et al.，2004；Ishida et al.,2014)ΦP 被定义为：

$$\Phi P = \frac{k_p}{k_f + k_d + k_p + k_n} \tag{2.1}$$

式中：k_f 是荧光有效速率常数；k_d 是结构性热散失有效速率常数；k_p 是光化学有效速率常数；k_n 是非光化学猝灭有效速率常数。

ΦP 也可以表示为：

$$\Phi P = 1 - \frac{F_s}{F'_m} \tag{2.2}$$

这里，F_s 被定义为 $F_s = \frac{k_f}{k_f + k_d + k_p + k_n}$，$F'_m$ 被定义为 $F'_m = \frac{k_f}{k_f + k_d + k_n}$。

$$\Phi F + \Phi D = \frac{k_f + k_d}{k_f + k_d + k_p + k_n} \tag{2.3}$$

PSII 天线吸收的光子可以通过 ΦF，ΦP，ΦN 和 ΦD 来发射。ΦF 和 ΦD 之和可以表示为：

$$\Phi F + \Phi D = \frac{F_s}{F_m} \tag{2.4}$$

这里，$F_s = \frac{k_f}{k_f + k_d + k_p + k_n}$，$F_m = \frac{k_f}{k_f + k_d}$，和 $F'_m = \frac{k_f}{k_f + k_d + k_n}$。因此

$$\Phi N = \frac{k_n}{k_f + k_d + k_p + k_n} \tag{2.5}$$

2.2.3 冠层光谱数据测量

气象数据来源于南京信息工程大学气象站，主要包括气温、湿度和太阳辐射。冠层光谱数据利用 ASD FieldSpec 3 光谱仪（SR＝3 nm，SSI＝1 nm，SNR＞4000）在10个玉米田中测量光谱反射率数据（350～2500 nm）五种水分胁迫水平。所有光谱测量均在晴天 11:00 进行测量。使用辅助移动光谱系统将 ASD 光谱仪固定在离地面 4 m 处，以在最低点测量 10 个样地的玉米冠层的光谱数据。在晴天条件下，15 分钟内获取全部实验样区高光谱数据，最大程度地减少太阳天顶角的变化。假定在晴天期间 15 分钟内太阳辐射的光强度不会发生明显变化，所以可以比较不同地块的冠层光谱数据。测量冠层光谱时 ASD 光谱仪的光纤视场 25°。通过将裸光纤垂直向下朝向白色参考板调整积分时间，使光谱的峰值不会饱和。在每个图上进行光谱数据测量之前，先进行白板和暗电流测量。白色参考板有支架支撑，并且探针垂直于白色参考板以进行后续的白色参考扫描。白色参考板表面是硫酸钡，其反射率为 99%。对于每次测量，获取五个光谱数据，然后将结果取平均并给出最终的光谱反射光谱。在记录目标的光谱之前，先收集暗电流和白色参考板的值，将辐照度转换为反射率（Milton et al.，2009）。在 15 分钟内对高光谱数据进行采样，以最大程度地减少太阳

天顶角的变化。不需要进行角度订正，因为光谱观测是 15 分钟内完成的，其中太阳天顶角的变化很小。仪器的观测角固定在最低点。使用 4 m 支架测量每个样区的玉米冠层光谱数据。PRI 是根据测得的冠层高光谱数据计算得出的，如下所示：

$$\mathrm{PRI}(t)=\frac{\mathrm{Ref}(t,\lambda=531)-\mathrm{Ref}(t,\lambda=570)}{\mathrm{Ref}(t,\lambda=531)+\mathrm{Ref}(t,\lambda=570)} \tag{2.6}$$

式中：PRI(t)是时间 t 的 PRI；Ref 是时间 t 处两个波长为 531 和 570 nm 的反射率。

2.3　不同水分胁迫条件下能量吸收和分配

不同水分胁迫水平下，PSII 中 ΦP，ΦN，ΦF 和 ΦD 的变化(图 2.2)。ΦP、ΦN、ΦF 和 ΦD 随水分胁迫的变化如图 2.2 所示，研究发现随着水分胁迫的减少，ΦP 升高。在最低水分胁迫(W5)时，ΦP 约为 0.5，而在最高水分胁迫(W1)则为 0.3。ΦF＋ΦD 随着水分胁迫的增加而略有下降。但是，当植物在 W1 和 W2 高水分胁迫水平下时 ΦN 最高，并且似乎随着水分胁迫的减少而降低。

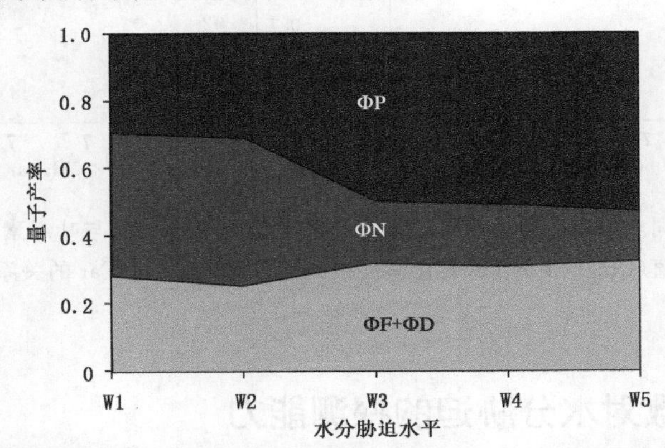

图 2.2　不同水分胁迫水平下，PSII 光化学量子产率(ΦP)、非光化学猝灭量子产率(ΦN)、荧光量子产率(ΦF)和结构性热散失量子产率(ΦD)的变化规律

(1)W1：20% FC< SWC< 35% FC；(2)W2：35% FC<SWC<45% FC；(3)W3：50% FC<SWC<60% FC；(4)W4：65% FC<SWC<75% FC；(5)W5：80% FC<SWC<90% FC

2.4　非光化学淬灭和色素比率

研究 Chl/Car 作为叶片色素水平相对变化的指标。Chl/Car 比值反映了植物叶片中色素的变化。此外，类胡萝卜素是与非光化学淬灭过程有关的一种色素(Meroni et al.，2008)。在不同的水分胁迫水平下，Chl/Car 和 NPQ 之间存在很强的相关性

($R^2=0.71$,$p<0.01$)(图 2.3a)。Chl/Car 代表叶细胞中色素含量的变化。图 2.3 显示了在不同水分胁迫水平($R^2=0.58$,$p<0.05$)下测得的 Chl/Car 和 PRI 之间的密切相关(图 2.3b)。在水分胁迫下,类胡萝卜素含量增加而叶绿素含量减少,导致 Chl/Car 比值降低。相应地,PRI 的值也降低了。因此,Chl/Car 与 PRI 之间存在正相关的关系(图 2.3b)。叶片中的类胡萝卜素含量也与非光化学淬灭过程有关。类胡萝卜素含量较小时,Chl/Car 的值较大,而 NPQ 较小。叶片中叶绿素和类胡萝卜素含量不是水分胁迫的良好指标,因为叶片的叶绿素色素对水分胁迫没有直接反应。相反的,叶绿素含量与光照(Croft et al.,2013)叶氮和 RuBisCo 酶高度相关(Croft et al.,2016)。当水分胁迫增加时,类胡萝卜素含量增加,而叶绿素含量保持恒定或下降,导致 Chl/Car 比值降低。因此,这些色素在水分胁迫评估中值得密切关注。

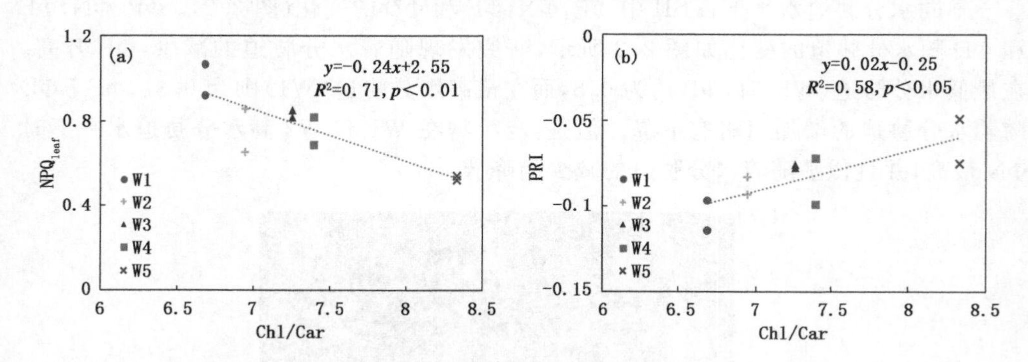

图 2.3 (a)不同土壤水分胁迫水平下叶片非光化学淬灭(NPQ)与叶绿素/类胡萝卜素比值(Chl/Car)和(b)光化学反射指数(PRI)与 Chl/Car 的关系

2.5 光谱指数对水分胁迫的探测能力

光谱信号对叶片色素含量变化比较敏感。在同一时间测量了 PRI 和 NPQ,发现 PRI 与 NPQ 的相关性高于其他测量参数,包括 PSII 的光化学效率(Evain et al.,2004)。此外,它可以指示植物生长早期的水分胁迫变化(Sarlikioti et al.,2010;Subrahmanyam et al.,2006;Milton et al.,2009;Lu et al.,1999;Ni et al.,2015)。

Genty 等(1989)提出的方法可以计算 $\Delta F/F'_m$。$\Delta F/F'_m$ 是实际的 PSⅡ光化学效率,反映在光照下 PSII 反应中心在部分关闭下的实际光化学量子产率。与水分胁迫叶片相比,健康叶片 $\Delta F/F_m'$ 通常具有较高的水平(Panigada et al.,2014)。随着水分胁迫的加剧,玉米的 $\Delta F/F_m'$ 降低(图 2.4a),NPQ 似乎有所增加(图 2.4d),PRI 逐渐降低(图 2.4c)。水分胁迫可以加剧对光合器官损害并抑制光合作用。例如,降低光合作用是植物在严重水分胁迫下的常见反应，这是由光化学效率降低引起的(Johnson et al.，1993)。监测玉米的水分胁迫时，研究发现PRI与植物早期生长阶段的水分胁迫有关(Zarco-Tejada et al.，2012；Filella et al.，2009)。

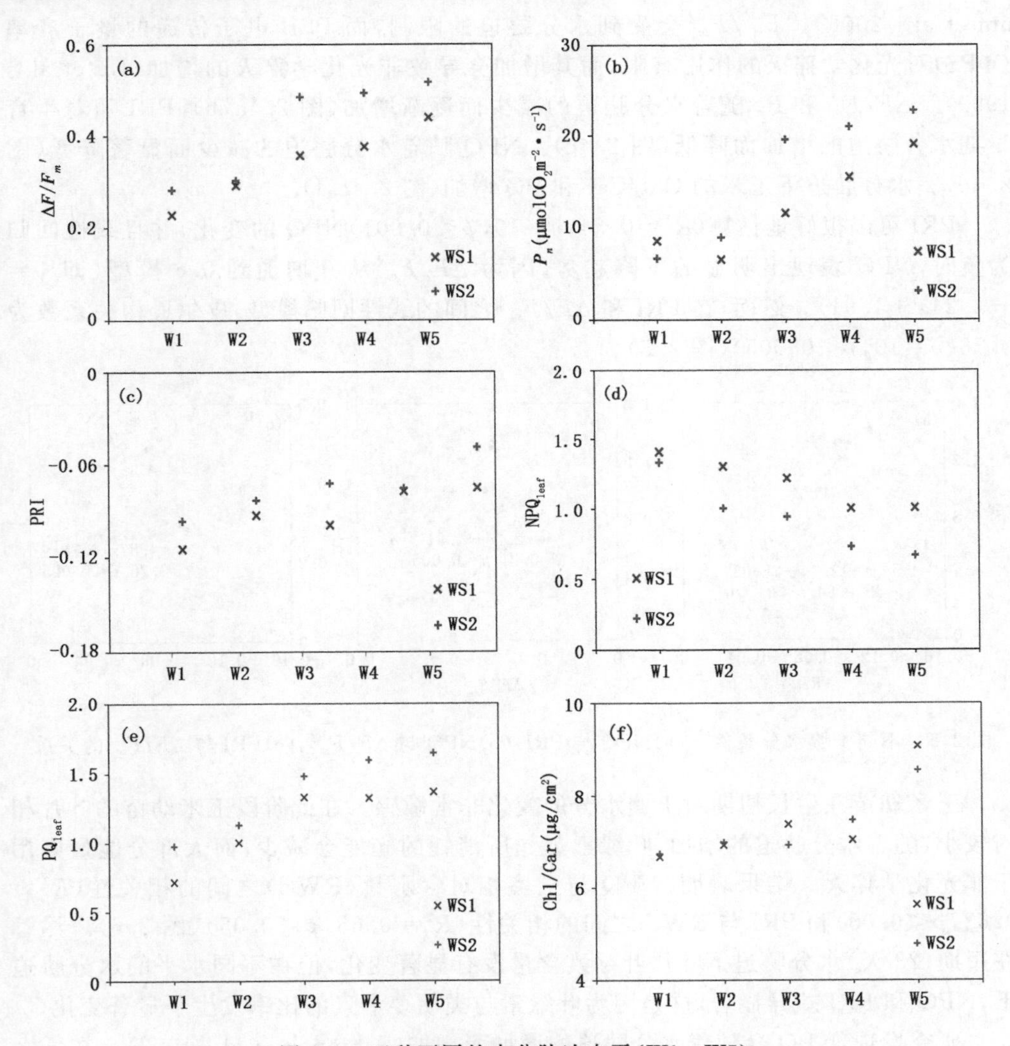

图2.4 五种不同的水分胁迫水平(W1～W5)

实验有两组数据，WS1和WS2分别代表第一组和第二组处理。(a)不同水分胁迫水平下PSII的实际量子产量($\Delta F/F_m'$)；(b)净光合速率(P_n)；(c)光化学反射率(PRI)；(d)非光化学猝灭(NPQ)；(e)光化学猝灭(PQ)；(f)叶绿素与类胡萝卜素的比值(Chl/Car)的变化。(1)W1：20% FC＜SWC＜35% FC；(2)W2：35% FC＜SWC＜45% FC；(3)W3：50% FC＜SWC＜60% FC；(4)W4：65% FC＜SWC＜75% FC；(5)W5：80% FC＜SWC＜90% FC

水分胁迫对 PSII 最大量子产率没有影响，并且增加了 NPQ（Bagher et al.，2016；Lu et al.，1999）。水分胁迫光照条件下，PSⅡ反应中心的能量捕获效率（F_v'/F_m'）和运输 PSII 的量子产率降低，NPQ 随水分胁迫增加而显著增加（Subrahamanyam et al.，2006）。F_v'/F_m'会受到水分胁迫的限制，而 PSII 电子传递的量子产率（ΦPS）对光化学猝灭的作用有限，而其增加会导致非光化学猝灭的增加（Lu et al.，1999）。$\Delta F/F_m'$和 P_n 随着水分胁迫的减少而逐渐增加（图 2.4a，b），PRI 随着生育早期水分胁迫的增加而降低（图 2.4c）。NPQ 随着水分胁迫的减少而显著降低（图 2.4d）。水分胁迫下玉米的 Chl/Car 和 PQ 增加（图 2.4e，f）。

PRI 可以很好地估算（$R^2=0.84$，$n=10$，$p<0.001$）NPQ 的变化，并且线性回归为负时，NPQ 表现出明显的下降趋势，因为 $\Delta F/F_m'$从 0 增加到 0.6 模型（即 $y=-2.24x+1.91$）。然而，在 PRI 和 $\Delta F/F_m'$之间的线性回归模型，皮尔逊相关系数为 0.76（$n=10$，$p<0.005$）（图 2.5）。

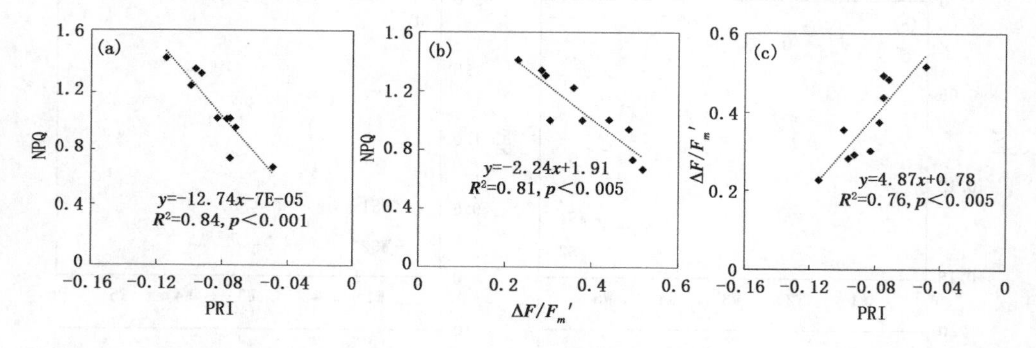

图 2.5 不同土壤水分条件下(a)NPQ 与 PRI；(b)NPQ 与 $\Delta F/F_m'$；(c)PRI 与 $\Delta F/F_m'$的关系

玉米幼苗在生长初期对土壤水分的变化非常敏感。在此阶段玉米幼苗的叶片相对较小，随着水分胁迫的增加，叶绿素荧光所消耗的光能会减少，而大部分能量则用于非光化学猝灭。结果表明：NPQ 与土壤相对含水量（RWC）之间的相关性（$R^2=0.63$，$p<0.05$）和 PRI 与 RWC 之间的相关性（$R^2=0.65$，$p<0.05$）（图 2.6）。尽管在短期（23 天）水分胁迫下叶片叶绿素含量没有显著变化，但在不同水平的水分胁迫下，NPQ 和 PRI 差异显著，这是因为叶绿素与类胡萝卜素的比率发生了显著变化。

研究发现，NPQ 会随着水分胁迫的增加而增加（Schmuck et al.，1992）。在低太阳辐射条件下（日出和日落），ΦP 的变化主要由 PQ 决定，而 NPQ 保持恒定且很小。在高水平的太阳辐射下（中午），ΦP 的变化主要由 NPQ 主导，而 PQ 则保持不变（图 2.7）（Pocar Castell et al.，2014）。但是，当 ΦP 在 0 至 0.4 的范围内时，ΦP 和 ΦF 之间的关系未知。

众所周知，叶绿素荧光可以指示水分胁迫早期的光合作用水平。通过利用叶片温度和叶绿素荧光数据可以提高水分胁迫检测的准确性（Ni et al.，2015）。叶片水平的 PRI 和叶绿素荧光用于探测柑橘园的水分胁迫，表明叶绿素荧光和 PRI 可以追踪不同水平的水分胁迫(Zarco-Tejada et al.,2012)。

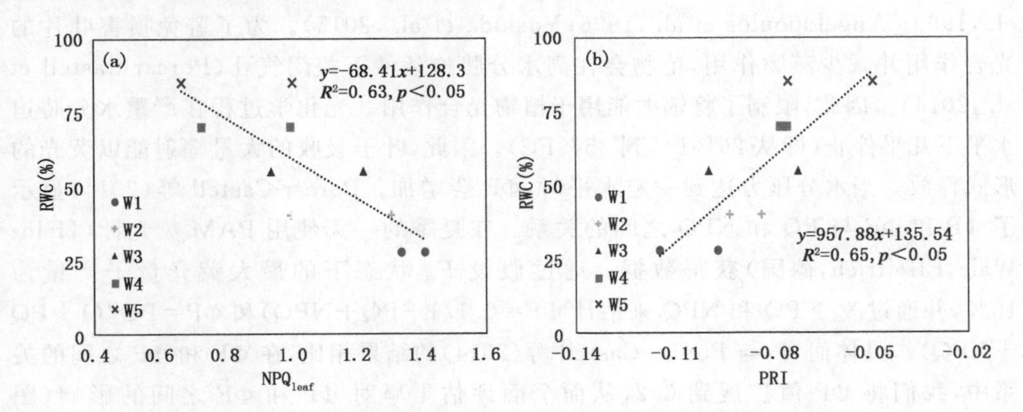

图 2.6 对比 NPQ 和 PRI 与土壤相对含水量(RWC)之间的相关性

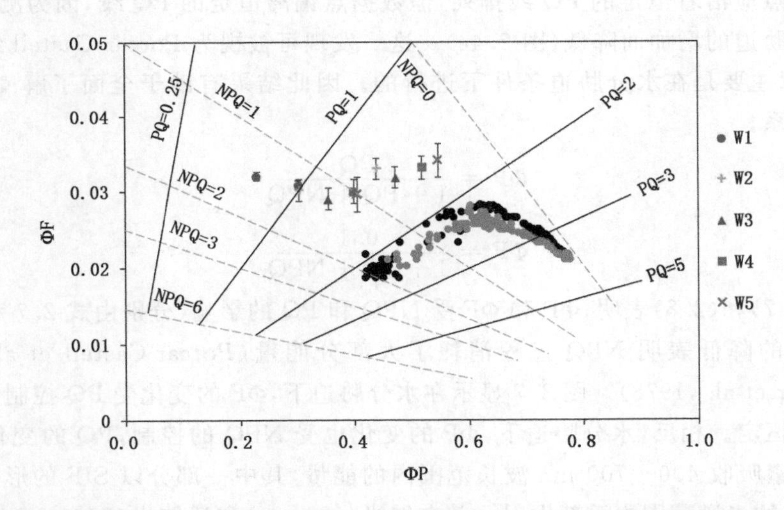

图 2.7 彩色数据点显示了不同水分胁迫条件下 ΦP 和 ΦF 的关系。数据是在晴天使用 Licor-6400 仪器测量获得的，分为 5 个土壤水分水平，田间含水量从 20%到 90%不等。作为比较，还展示了 Porcar-Castell 等(2014)的苏格兰松数据(黑点代表午夜到中午的数据，灰点代表中午到午夜的数据)

Rossni 等(2015)认为，叶片水平的 $\Delta F/F_m'$ 和冠层温度数据用于探测水分胁迫，土壤含水量为 30%至 60%。目前，尚不清楚当极端干旱发生时(例如，土壤水分降至田间持水量的 20%到 30%)，SIF 是否会指示光合速率。相比之下，本研究表明在极端水分胁迫下(土壤水分下降至田间持水量的 20%至 30%)，SIF 会增加。

ATP(三磷酸腺苷)的合成对土壤水分胁迫引起的细胞脱水比较敏感。较低ATP含量会降低RuBP(Ribulose-1,5-二磷酸)的供应,并抑制光合作用(Tezara et al.,1999; Angelopoulos et al.,1996;Yoshida et al.,2015)。为了避免损害叶片的光合作用并减少蒸腾作用,植物会在高水分胁迫条件下关闭气孔(Porcar-Castell et al.,2014)。因此,限制了将辐射能用于植物光合作用。光化学过程在严重水分胁迫水平下几乎停止(即从20%FC到35%FC)。因此,叶子吸收的大量辐射能以荧光的形式释放。当水分压力达到一定水平时,ΦF会增加。Porcar-Castell等(2014)显示了ΦP和ΦF与PQ和NPQ之间的关系。在夏季的一天使用PAM荧光计(Heinz Walz,Effeltrich,德国)获得数据。通过假设F_m状态下的最大荧光量子产量为10%,并通过改变PQ和NPQ来估计ΦF=0.1/1+PQ+NPQ)和ΦP=PQ/(1+PQ+NPQ)。具体而言,与Porcar-Castell等(2014)的结果相比,在ΦF和ΦP之间的关系中,我们将ΦP值扩展到0.2,从而全面评估干旱对ΦP和ΦF之间的影响(图2.7)。ΦF和ΦP之间的关系扭转了下降趋势,并呈现出略有上升的趋势,ΦF-ΦP图中的数据点应沿着恒定的PQ线排列,但数据点偏离恒定的PQ线,因为测得的PQ随着水分胁迫的增加而降低(图2.4e)。这一发现可被视为Porcar-Castell结果的扩展,该结果主要是在水分胁迫条件下进行的。因此结果有助于全面了解ΦF与ΦP之间的关系。

$$\Phi P = \frac{PQ}{1 + PQ + NPQ} \tag{2.7}$$

$$\Phi F = \frac{0.1}{1 + PQ + NPQ} \tag{2.8}$$

式(2.7)和(2.8)表明,ΦP和ΦF受NPQ和PQ的影响(分别由式2.7和2.8决定)。ΦF的降低表明NPQ过程消耗了大部分能量(Porcar-Castell et al.,2014; Ehleringer et al.,1978)。图2.7显示在水分胁迫下,ΦF的变化受PQ控制,而NPQ保持大致恒定。相反,水分胁迫下,ΦP的变化也受NPQ的控制,PQ的变化范围很小。叶绿素吸收400~700 nm波长范围内的能量,其中一部分以SIF的形式在660~800 nm的光谱范围内重新发射。其在红光(690 nm)和远红光(740 nm)区域有两个峰。红光波段荧光主要是PSII贡献,远红光荧光PSI的贡献增加;PSII对光合生理更敏感,PSI比较稳定;红光荧光再吸收严重,叶片水平90%以上吸收;远红光荧光吸收很少,多次散射有一定影响,这表明PSII的叶绿素荧光与光化学过程紧密相关(Yang et al.,2015;Porcar-Castell et al.,2014;Rossini et al.,2015)。

由于PQ和NPQ都受水分胁迫的影响,因此ΦF也随水分胁迫而变化。这种非互补的行为会在ΦF和ΦP之间关系产生倒置的"V"(图2.7)。通常ΦF随着水分胁迫的增加而逐渐显著降低,但在土壤水分含量降至田间持水量的20%至30%的严重水分胁迫条件下,则逐渐增加。相应地,ΦF与ΦP的比值从随着充分供水到中等水分胁迫而降低，在严重的水分胁迫条件下增加，表明严重干旱对 ΦP 的影响要大于 ΦF。

玉米是一种耐旱作物(Zhang et al. 2015; Koffi et al., 2015)。这种耐受性在生长期早期并未得到充分发展(Edmeades et al., 1999; Bolanos et al., 1996)，因此可以用光谱指数在生长早期探测水分胁迫。NPQ 可以指示许多植物物种(包括小麦，大豆和棉花)的水分胁迫水平不同(Lu et al., 1999; Inamullah et al., 2005; Subrahmanyam et al., 2006)。但是，由于植物具有耐旱性，因此 NPQ 不能总是作为玉米水分胁迫的指标。当玉米在生长季节的后半期充分发挥其抗旱能力时(Edmeades et al., 1999)，NPQ 对水分胁迫的敏感性很小。随着玉米叶片变大，它们能够产生更高的光合产量，并通过叶绿素荧光消耗更多的能量，从而导致更少的 NPQ。

图 2.7 表明玉米 ΦF 明显高于 Porcar-Castell 等(2014)的结果。这可能是由于不同物种的光合作用途径不同所致。玉米是一种 C4 植物，在相似的光照条件下比 C3 植物能产生更高的叶绿素荧光(Koffi et al., 2015; Van der Tol et al., 2009; Liu et al., 2017)。但是，需要更多的研究来了解不同物种之间的 ΦF 差异。

2.6 小结

本章中，研究讨论利用冠层水平 PRI 和 NPQ 评估玉米水分胁迫的能力，以及利用遥感技术来监测作物的水分胁迫，结论如下：

(1)荧光的量子产率(ΦF)从水分充足到中等水分胁迫显著降低，在土壤水分约为田间持水量 20%至 30%的严重水分胁迫条件下增加。在土壤水分的阈值约为田间持水量的 40%时，ΦF 与 ΦP 的比率随水分胁迫的增加而增加，表明严重干旱对 ΦP 的影响要大于 ΦF。该结果意味着当极端干旱发生时，太阳诱导叶绿素荧光将无法指示光合速率。

(2)冠层尺度上 PRI 优于 NPQ 作为作物早期生长季节的水分胁迫指标($R^2=0.65, p<0.05$; $R^2=0.63, p<0.05$)。结果支持使用遥感技术(例如，PRI)来探测干旱相关研究。但是，PRI 探测水分胁迫的能力受许多外部因素(例如，光照强度和观测几何)的影响。因此，可将 NPQ 用作探测植物水分胁迫的补充参数。

(3)叶片尺度上，NPQ 与 Chl/Car 之间($R^2=0.71, p<0.01$)和 PRI 与 Chl/Car 之间($R^2=0.58, p<0.05$)建立关系。当水分胁迫增加时，类胡萝卜素含量增加，而叶绿素含量保持相当稳定，从而导致 Chl/Car 比值降低。同时，PRI 也降低了，表明类胡萝卜素与叶片中的 NPQ 相关，这些色素在水分胁迫评估中值得密切关注。

参考文献

ALCAMO J,FLORKE M,MARKER M,2007. Future long-term changes in global water resources driven by socio-economic and climatic changes [J]. Hydrological Sciences Journal, 52: 247-275.

ANGELOPOULOS K, DICHIO B, XILOYANNIS C, 1996. Inhibition of photosynthesis in olive trees (Olea europaea L) during water stress and rewatering[J]. Journal of Experimental Botany, 47:1093-1100.

ANOOP M,CHEN L S,2016. Changes in precipitation pattern and risk of drought over India in the context of global warming[J]. Journal of Geophysical Research, 119:7833-7861.

BAGHER B,CHRISTIAAN V,WOUTER V,2016. Remote sensing of grass response to drought stress using spectroscopic techniques and canopy reflectance model inversion[J]. Remote Sensing, 8:557-567.

BARTON C V M,NORTH P R J,2001. Remote sensing of canopy light use efficiency using the photochemical reflectance index-Model and sensitivity analysis[J]. Remote Sensing of Environment, 78:264-273.

BILGER W,BJÖRKMAN O,1990. Role of the xanthophyll cycle in photoprotection elucidated by measurements of light-induced absorbance changes, fluorescence and photosynthesis in leaves of Hedera canariensis[J]. Photosynthesis Research, 25:173-185.

BOLANOS J,EDMEADES G O,1996. The importance of the anthesis-silking interval in breeding for drought tolerance in tropical maize[J]. Field Crops Research, 48:409-420.

CHEN J M,BLACK T A,1992. Defining leaf-area index for non-flat leaves[J]. Plant Cell Environ, 15:421-429.

CROFT H,CHEN J M,LUO X,et al,2016. Leaf chlorophyll content as a proxy for leaf photosynthetic capacity[J]. Global Change Biology, 12:1-7.

CROFT H,CHEN J M,ZHANG Y,et al,2013. Modelling leaf chlorophyll content in broadleaf and needle leaf canopies from ground, CASI, Landsat TM 5 and MERIS reflectance data[J]. Remote Sensing of Environment, 133:128-140.

EDMEADES G O,BOLANOS J,CHAPMAN S C,et al, 1999. Selection improves drought tolerance in tropical maize populations: I. Gains in biomass, grain yield, and harvest index[J]. Crop Science, 39:1306-1315.

EHLERINGER J R,MOONEY H A,1978. Leaf hairs—Effects on physiological-activity and adaptive value to a desert shrub[J]. Oecologia, 37:183-200.

ESKLING M,EMANUELSSON A,AKERLUND H,2001. Enzymes and mechanis ms for violaxanthin-zeaxanthin conversion[J]. Photosynthesis Research, 11:433-452.

EVAIN S,FLEXAS J,MOYA I,2004. A new instrument for passive remote sensing: 2. Measurement of leaf and canopy reflectance changes at 531 nm and their relationship with photosynthesis and chlorophyll fluorescence[J]. Remote Sensing of Environment, 91:175-185.

FILELLA I, PORCAR-CASTELL A, MUNNE-BOSCH S, et al, 2009. PRI assessment of long-term changes in carotenoid/chlorophyll ratio and short-term changes in de-epoxidation state of the xanthophyll cycle[J]. International Journal of Remote Sensing, 30:4443-4455.

FLEXAS J, BRIANTAIS J M, CEROVIC Z, et al, 2000. Steady-state and maximum chlorophyll fluorescence responses to water stress in grapevine leaves: A new remote sensing system[J]. Remote Sensing of Environment, 73:283-297.

GAMON J A, PENUELAS J, FIELD C B, 1992. A Narrow-Waveband Spectral Index That Tracks Diurnal Changes in Photosynthetic Efficiency[J]. Remote Sensing of Environment, 41:35-44.

GARBULSKY M F, PENUELAS J, GAMON J, et al, 2011. The photochemical reflectance index (PRI) and the remote sensing of leaf, canopy and ecosystem radiation use efficiencies A review and meta-analysis[J]. Remote Sensing of Environment, 115:281-297.

GENTY B, BRIANTAIS J M, BAKER N R, 1989. The relationship between the quantum yield of photosynthetic electron-transport and quenching of chlorophyll fluorescence[J]. Biochimica et Biophysica Acta, 990:87-92.

HENDRICKSON L, FURBANK R T, CHOW W S, 2004. A simple alternative approach to assessing the fate of absorbed light energy using chlorophyll fluorescence[J]. Photosynthesis Research, 82:73-81.

HILKER T, COOPS N C, HALL F G, et al, 2008. Separating physiologically and directionally induced changes in PRI using BRDF models [J]. Remote Sensing of Environment, 112: 2777-2788.

INAMULLAH I, ISODA A, 2005. Adaptive responses of soybean and cotton to water stress II. Changes in CO_2 assimilation rate, chlorophyll fluorescence and photochemical reflectance index in relation to leaf temperature[J]. Plant Production Science, 8:131-138.

ISHIDA S, UEBAYASHI N, TAZOE Y, et al, 2014. Diurnal and Developmental Changes in Energy Allocation of Absorbed Light at PSII in Field-Grown Rice[J]. Plant Cell Physiol, 55:171-182.

JOHNSON G N, YOUNG A J, SCHOLES J D, et al, 1993. The dissipation of excess excitation-energy in British plant-species[J]. Plant Cell Environ, 16:673-679.

KARAPETYAN N V, 2007. Non-photochemical quenching of fluorescence in cyanobacteria[J]. Biochemistry (Moscow), 72:1127-1135.

KOBLIZEK M, KAFTAN D, NEDBAL L, 2001. On the relationship between the non-photochemical quenching of the chlorophyll fluorescence and the Photosystem II light harvesting efficiency. A repetitive flash fluorescence induction study[J]. Photosynthesis Research, 68:141-152.

KOFFI E, RAYNER P J, NORTON A J, et al,. 2015 Investigating the usefulness of satellite-derived fluorescence data in inferring gross primary productivity within the carbon cycle data assimilation system[J]. Biogeosciences, 1:4067-4084.

LANCASHIRE P D, BLEIHOLDER H, LANGELUDDECKE P, et al, 1991. A uniform decimal code for growth stages of crops and weeds[J]. Annals of Applied Biology, 119:561-601.

LICHTENTHALER H K, WELLBURN A R, 1983. Determinations of total carotenoids and chlorophylls a and b of leaf extracts in different solvents[J]. Biochemical Society Transactions, 11: 591-592.

LIU L Y, GUAN L L, LIU X J, 2017. Directly estimating diurnal changes in GPP for C3 and C4 crops using far-red sun-induced chlorophyll fluorescence[J]. Agricultural and Forest Meteorology, 232:1-9.

LORETO F, TRICOLI D, MARCO G D, 1995. On the relationship between electron transport rate and photosynthesis in leaves of the C4 plant Sorghum bicolor exposed to water stress, temperature changes and carbon metabolism inhibition[J]. Functional Plant Biology, 22:885-892.

LU C M, ZHANG J H, 1999. Effects of water stress on photosystem II photochemistry and its thermostability in wheat plants[J]. Journal of Experimental Botany, 50:1199-1206.

MERONI M, PICCHI V, ROSSINI M, et al, 2008. Leaf level early assessment of ozone injuries by passive fluorescence and photochemical reflectance index [J]. Int J Remote Sens, 29: 5409-5422.

MERONI M, ROSSINI M, PICCHI V, et al, 2008. Assessing steady-state fluorescence and PRI from hyperspectral proximal sensing as early indicators of plant stress: The case of ozone exposure[J]. Sensors, 8:1740-1754.

MILTON E J, SCHAEPMAN M E, ANDERSON K, et al, 2009. Progress in field spectroscopy[J]. Remote Sensing of Environment, 113:92-109.

NI Z Y, LIU Z G, HUO H Y, et al, 2015. Early Water Stress Detection Using Leaf-Level Measurements of Chlorophyll Fluorescence and Temperature Data[J]. Remote Sensing, 7:3232-3249.

PANIGADA C, ROSSINI M, MERONI M, et al, 2014. Fluorescence PRI and canopy temperature for water stress detection in cereal crops[J]. International Journal of Applied Earth Observation and Geoinformation, 30:167-178.

PORCAR-CASTELL A, 2011. A high-resolution portrait of the annual dynamics of photochemical and non-photochemical quenching in needles of Pinus sylvestris[J]. Plant Physiology, 143: 139-153.

PORCAR-CASTELL A, GARCIA-PLAZAOLA J I, NICHOL C J, et al, 2012. Physiology of the seasonal relationship between the photochemical reflectance index and photosynthetic light use efficiency[J]. Oecologia, 170:313-323.

PORCAR-CASTELL A, TYYSTJARVI E, ATHERTON J, et al, 2014. Linking chlorophyll a fluorescence to photosynthesis for remote sensing applications: Mechanis ms and challenges[J]. Journal of Experimental Botany, 65:4065-4095.

POTOPOVÁ V, BORONEANT C, BOINCEAN B, et al, 2015b. Multi-scalar drought and its impact on crop yield in the Republic of Moldova[J]. In Drought: Research and Science-Policy Interfacing, 29:85-90.

POTOPOVÁ V, BORONEANT C, BOINCEAN B, et al, 2015a. Impact of agricultural drought on main crop yields in the Republic of Moldova[J]. International Journal of Climatology, 36:2063-

2082.

ROSSINI M, FAVA F, COGLIATI S, et al, 2013. Assessing canopy PRI from airborne imagery to map water stress in maize[J]. ISPRS Journal of Photogrammetry and Remote Sensing, 86:168-177.

ROSSINI M, NEDBAL L, GUANTER L, et al, 2015. Red and far red Sun-induced chlorophyll fluorescence as a measure of plant photosynthesis [J]. Geophysical Research Letters, 42: 1632-1639.

ROSSINI M, PANIGADA C, CILIA C, et al, 2015. Discriminating Irrigated and Rainfed Maize with Diurnal Fluorescence and Canopy Temperature Airborne Maps[J]. ISPRS International Journal of Geo-Information, 401:914-917.

SARLIKIOTI V, DRIEVER S M, MARCELIS L F M, 2010. Photochemical reflectance index as a mean of monitoring early water stress[J]. Annals of Applied Biology, 157:81-89.

SCHMUCK G, MOYA I, PEDRINI A, et al, 1992. Chlorophyll fluorescence lifetime determination of waterstressed C3-and C4-plants[J]. Radiation and Environmental Biophysics, 31:141-151.

SUBRAHMANYAM D, SUBASH N, HARIS A, et al, 2006. Influence of water stress on leaf photosynthetic characteristics in wheat cultivars differing in their susceptibility to drought[J]. Photosynthetica, 44:125-129.

SUÁREZ L, ZARCO-TEJADA P J, SEPULCRE-CANTÓ G, et al, 2008. Assessing canopy PRI for water stress detection with diurnal airborne imagery[J]. Remote Sensing of Environment, 112: 560-575.

TEZARA W, MITCHELL V J, DRISCOLL S D, et al, 1999. Water stress inhibits plant photosynthesis by decreasing coupling factor and ATP[J]. Nature, 401:914-917.

VAN DER TOL C, VERHOEF W, ROSEMA A, 2009. A model for chlorophyll fluorescence and photosynthesis at leaf scale[J]. Agricultural and Forest Meteorology, 149:96-105.

YANG X, TANG J W, MUSTARD J F, et al, 2015. Solar-induced chlorophyll fluorescence that correlates with canopy photosynthesis on diurnal and seasonal scales in a temperate deciduous forest[J]. Geophysical Research Letters, 42:2977-2987.

YETKIN OZUM D, ANNE G, SVEN G, 2016. Testing the Ctress Factors to Improve Wheat and Maize Yield Estimations Derived from Remotely-Sensed Dry Matter Productivity[J]. Remote Sensing, 8:170-194.

YOSHIDA Y, JOINER J, TUCKER C, et al, 2015. The 2010 Russian drought impact on satellite measurements of solar-induced chlorophyll fluorescence: Insights from modeling and comparisons with parameters derived from satellite reflectances[J]. Remote Sensing of Environment, 166:163-177.

ZARCO-TEJADA P J, GONZáLEZ-DUGO V, BERNI J A, 2012. Fluorescence, temperature and narrow-band indices acquired from a UAV platform for water stress detection using a micro-hyperspectral imager and a thermal camera [J]. Remote Sensing of Environment, 117: 322-337.

ZHANG F,ZHOU G S,2015. Estimation of Canopy Water Content by Means of Hyperspectral Indices Based on Drought Stress Gradient Experiments of Maize in the North Plain China[J]. Remote Sensing, 7:15203-15223.

ZHANG Q,CHEN J M,JU W M,et al, 2017. Improving the ability of the photochemical reflectance index to track canopy light use efficiency through differentiating sunlit and shaded leaves [J]. Remote Sensing of Environment,194:1-15.

ZHANG Q,JU W M,CHEN J M,et al, 2015. Ability of the Photochemical Reflectance Index to Track Light Use Efficiency for a Sub-Tropical Planted Coniferous Forest[J]. Remote Sensing, 7:16938-16962.

第 3 章　反演碳循环模型关键参数

3.1　引言

陆地生物圈与大气之间碳源和碳汇的空间分布和时间变化目前存在很大的不确定性(IPCC,2013)。在生态系统尺度上测得所有叶片的光合作用速率之和,通常表示为 GPP,它是输入陆地生态系统碳的最大来源(Chapin et al.,2002)。生物和环境变量通常是非线性且在空间上是异质的(Chen et al.,1999; Arain et al.,2006),阻碍在可变环境条件下 GPP 模型模拟,农田是陆地生态系统的重要类型(Lal,2004)。由于施肥、耕作和灌溉等各种管理方式,农田 GPP 会很高(Huang et al.,2018)。准确模拟农田 GPP 将有助于为全球地面 GPP 建模减少不确定性。

Farquhar、von Caemmerer 和 Berry 模型(FvCB 模型)(Farquhar et al.,1980)是基于过程的陆地生物圈模型(TBM),目前已被广泛模拟各种空间尺度的 GPP(Foley et al.,1996,Chen et al.,1999,Arain et al.,2002,Zhang et al.,2012;Ethier et al.,2004),是气候变化背景下研究 GPP 对环境变量响应的主要手段。同样,在叶片水平尺度上 FvCB 模型可以与两叶模型结合估算冠层尺度的 GPP(Chen et al.,1999)。考虑到叶片的非线性响应,这是对 LUE 模型的改进,LUE 模型无法估算阴叶对总冠层水平 GPP 的贡献(Zhang et al.,2012)。

FvCB 模型计算出叶片瞬时的净光合作用速率(A)作为羧化,氧合(V_o)和暗呼吸(R_d)的函数,如(Farquhar et al.,1980):

$$A = V_c - 0.5V_o - R_d \tag{3.1}$$

$V_c - 0.5V_o$ 表示为叶片的总光合作用速率:

$$V_c - 0.5V_o = \min(W_c, W_j) = \min\left(V_m \frac{C_i - \Gamma}{C_i + K}, J\frac{C_i - \Gamma}{4.5C_i + 10.5\Gamma}\right) \tag{3.2}$$

式中:W_c 是 Rubisco 限制的总光合作用率;W_j 是光限制的总光合作用率;C_i 是细胞间 CO_2 浓度;K 是酶动力学的函数;V_m 是叶片最大羧化速率,通常表示为 $V_{cmax25}f(T)$,其中 $f(T)$ 是温度响应函数。V_{cmax25} 是 25℃时的最大碳羧化速率,它是一个很难参数化的关键参数,通常在整个模型中被定义为常数,这在 GPP 建模中引入了很大的不确定性(Chen et al.,1999,2016;Gonsamo et al.,2013)。所以了解 V_{cmax25} 的季节性变化对于使用 FvCB 模型,改善碳吸收和生态系统能量通量的估算至关重要(Misson et al.,2006; Croft et al.,2017)。

现有研究大多使用叶氮来估算光合参数(即 V_{cmax25} 和 J_{max25})(Ellsworth et al.,1993; Meir et al.,2002; Grassi et al.,2005; Kattge et al.,2009; Crous et al.,2018)。大多数叶氮在叶绿体中以核酮糖-1,5-二磷酸羧化酶的形式存在,即 Rubisco 酶(Evans,1989)。根据对光的适应和氮资源的优化,在物种内部/物种之间(Ellsworth et al.,1993;Grassi et al.,2005;Kattge et al.,2009)、冠层位置(Meir et al.,2002)有所不同。Croft(2017)研究发现生长季节四个阔叶树种的叶绿素含量(Chl_{Leaf})与 V_{cmax25}、J_{max25}之间的相关性高于叶氮含量(N_{area})和 V_{cmax25} 之间的相关性,表明 Chl_{Leaf}可能比叶氮更好地估算叶片的光合能力。

除叶绿素外,类胡萝卜素通过收集和转移植物叶片中的辐射能量,对光反应过程做出了重要贡献。目前,已经广泛研究和测量了其他叶片光合色素(比如叶黄素和类胡萝卜素)(Gamon et al.,1990,1992,2013;Wong et al.,2015; Gitelson et al.,2017),发现类胡萝卜素在光合作用中具有至少五种不同的功能:(1)通过单重态能量转移进行光收集;(2)通过叶绿素三重态的猝灭进行光保护;(3)单线态除氧;(4)过量能量耗散;(5)结构稳定(Frank et al.,1996)。类胡萝卜素与叶绿素结合在相同的色素—蛋白质复合物中,它们可以防止与单线态氧的存在有关的有害光氧化反应(Frank et al.,1993)。类胡萝卜素是辅助的光合色素,可以吸收 450~570 nm 光谱范围内的入射太阳辐射,而叶绿素不能有效吸收该波段范围的辐射,并将这种能量转移到叶绿素上(Cogdell et al.,1987)。类胡萝卜素的增加促进光合作用中吸收光能的波长范围(Frank et al.,1993)。另外,类胡萝卜素包括胡萝卜素和叶黄素。叶黄素(Xan_{Leaf})含量的大小与过量光照条件下耗散叶片中潜在有害激发能的能力有关(Thayer et al.,1990)。以上,利用遥感技术探索这些叶片色素含量估算叶片光合能力是可行的。

PRI 是与 LUE 相关的光谱植被指数,其式为(Gamon et al.,1997;Garbulshy et al.,2011):

$$PRI = \frac{R_{531} - R_{570}}{R_{531} + R_{570}} \tag{3.3}$$

式中:R_{531}是在 531 nm 的反射率,这是“叶黄素信号”的指示波段;R_{570}是在 570 nm 参考波段的反射率。PRI 最初被发现可以指示昼夜尺度上 LUE(Gamon et al.,1992)。最近许多研究发现 PRI 也受到其他色素(如 Chl_{Leaf})的影响,特别在季节变化尺度上(Filella et al.,2009; Gitelson et al.,2017)。具体而言,发现 PRI 与 Chl_{Leaf}正相关(Gitelson et al.,2017),也与 V_{cmax25}正相关(Croft et al.,2017)。因此,我们假设 PRI 可能与 V_{cmax25}正相关。

此外，发现PRI与PSII的量子产率呈正线性相关，表明可以利用PRI估算PSII的量子产率(Gamon et al.，1997)。晴天中午测得的PRI表示饱和光水平下PSII的光能利用效率，叶片光合色素含量决定了饱和光水平下叶片可以吸收的光合有效辐射(PAR)的量(Porcar-Castell et al.，2014)。因此，我们假设晴天的午间PRI和叶片光合色素含量(即Chl_{Leaf}或Car_{Leaf})乘积可以作为叶片最大电子传输速率(J_{max25})的指标，而该速率与V_{cmax25}密切相关(Wullschleger，1993)。

叶片光合能力与叶片光合色素之间相关性一个可能的自然规律是协同调节光合组分，包括光收集、光化学和生化成分(Gamon et al.，1997，2013)。为了进一步检验该假设并更好地估算叶片光合作用能力，本章研究的具体目标是：(1)研究量化叶片光合色素含量、氮含量和光合能力(即V_{cmax25}和J_{max25})的季节性变化。(2)研究叶片光合能力与N_{area}、叶片色素含量和PRI之间的关系。(3)研究估算利用光合色素或这些色素(Xan_{Leaf}或Car_{Leaf})和光谱指数估算V_{cmax25}的能力。

3.2　叶片光谱和光合参数测定

江苏省句容市试验站(31°9′N，119°1′E)实地调查并测量数据。该地点年平均温度约为15.4℃，年平均降水量为1106 mm。土壤的氮和磷含量分别为128.07 mg/kg和128.71 mg/kg。土壤有机质为3.35%(Yang et al.，2015)，水稻于2016年7月15日移栽。

从三株标记植物中选择叶片，每棵植物在冠层的不同高度(即顶部、中间和底部)选择三片叶子。在整个生长季节中，每周大约总共进行9次叶片采样。从植物上切下叶片样品，并放入9个标记的塑料袋中，将其放在冰盒中，以便进行后续的生化分析。使用95%乙醇提取叶片色素(即Chl_{Leaf}和Car_{Leaf})，并使用分光光度计(UV-1700，Shimadzu Inc.，Kyoto，日本)在470 nm，649 nm和665 nm处测量吸光度(Lichtenthaler et al.，1983)。叶绿素与类胡萝卜素比率(Chl/Car)计算为叶绿素a和叶绿素b的总和除以所有类胡萝卜素的总和。叶绿素a(C55H72O5N4Mg)的分子量为892，叶绿素b(C55H70O6N4Mg)的分子量为906。氮(N)分别占叶绿素a的6.3%和叶绿素b的6.2%。我们估计大约占总叶绿素质量的6%为N。然后，我们计算出叶绿素氮(Chl-N)为0.06 Chl_{Leaf}。进一步计算了Chl-N与N_{area}的比率(Chl-N：N_{area})，代表分配给叶片叶绿素的叶片总氮的百分比。

Xan_{Leaf}与Chl_{Leaf}是在同一片叶子同一个位置测量。用于Xan_{Leaf}测量的叶片样品被存储在液氮中以便长期存储(Thayer et al.，1992)。使用高效液相色谱法(HPLC)对Xan_{Leaf}进行生化分析，并根据Thayer等(1992)的提取方法进行计算。在与Chl_{Leaf}相同的叶子样品上也测量了叶子的氮含量(N_{leaf})。将叶片样品在80℃下干燥48小时，然后切成小块，使用元素燃烧仪器（CHA-O-Rapid，Heraeus Corporation）进行测量。

使用LI-COR 6400XT便携式光合作用系统，对与叶片色素和N_{leaf}分析相同的三株植物的成熟叶片进行叶片气体交换测量。在2016年水稻生长季节，使用6400-02B红/蓝光源，并在饱和光合作用光子通量密度（PPFD）条件（1400μmol·m^{-2}·s^{-1}）和饱和条件下产生CO_2响应曲线（A-Ci曲线）。CO_2浓度梯度为400、200、100、50、400、600、1000、1200、1600 ppm。开始测量之前PPFD设置为1400 μmol·m^{-2}·s^{-1}，环境温度和湿度以及CO_2浓度为400 ppm的环境中至少适应30分钟。测量中，叶室的温度保持稳定，并设置为比周围空气温度低约2℃的值。叶室的相对湿度保持在40%～80%之间。大约需要1个小时才能产生完整的A-Ci曲线。Arrhenius式用于将拟合的V_{cmax}和J_{max}标准化到25℃的公共参考温度，以实现现有数据的可比性（Sharkey et al.，2007）。

使用ASD FieldSpec 3光谱仪和叶片夹（ASD，Boulder，CO，USA）在晴天8时测量了三个代表性植株的三个叶片样品（顶部，中部和底部）的光谱反射率（350～2500 nm）：从2016年8月25日至11月11日，每周测量一次。每天测量时间为8：00、10：00、12：00、14：00、16：00。该光谱仪的光谱分辨率为3 nm。每次测量前，将ASD光谱仪和ASD叶片夹的灯预热40分钟。每次测量前要进行白色参考板的测量和去除暗电流。将叶片夹内置的白色参考板向传感器方向翻转并测量白色参考板的反射率。然后，将叶片夹的黑色面板朝传感器翻转，将叶子样本的中间部分夹住以覆盖整个传感器。记录每个叶片样品的五个光谱曲线，并将这五个光谱曲线的平均值作为该叶片的光谱反射率。

3.3 叶片色素季节性变化

3.3.1 叶片生化和光合参数的季节性变化

随着水稻作物经历不同的生育期（表3.1），水稻在结构特性以及生理生化过程中均表现出相当大的变化，了解这些关系的特征对于准确建模稻田GPP至关重要。图3.1显示了2016年生长季中几种叶片生化特性和光合参数的季节性变化，以及不同叶片位置之间的变化。从分蘖期到抽穗期，新叶的Chl_{Leaf}，Xan_{Leaf}和Car_{Leaf}明显低于中叶和老叶（图3.1c，3.1d，3.1f）。在此期间，叶片色素仍在新叶中积聚，导致色素含量值低于中叶和老叶。

表 3.1　2016 年生长季节中每个生长阶段在作物移植后天数和一年中的天数(d)

移植后的天数	一年中的天数	生长阶段
20～27	217～224	分蘖期
28～35	225～232	拔节期
36～41	233～238	拔节期
42～50	239～247	抽穗期
51～57	248～254	扬花期
58～71	255～268	灌浆期
72～82	269～279	乳熟期
83～130	280～327	全熟期

分别计算基于质量(N_{mass}；图 3.1a)和基于面积的叶片氮含量(N_{area}；图 3.1b)。从分蘖期到开花期，N_{mass}较高(DOY 217 至 254)，随后在生长季节的其余时间内下降(图 3.1a)。N_{area}的季节性变化根据比叶面积(SLA)进行了调整，在分蘖期至孕穗期(DOY 217 至 238)具有较高的 SLA 值，在此期间降低了 N_{area}(图 3.1b)。N_{area}在抽穗期达到峰值(DOY 247)，随后在生长季节的末期有所下降(图 3.1b)。

从分蘖期到开花期(从 DOY 217 到 254)，Chl_{Leaf}处于高水平，之后作物生长阶段色素水平下降(图 3.1c)。Xan_{Leaf}在 DOY 217 和 221 处较低，然后在 DOY 224 处达到峰值，此后的整个生长季节时间内逐渐下降(图 3.1d)。Car_{Leaf}的 DOY 221 值也较低，而 DOY 232 的值较高。Car_{Leaf}在 DOY 232 至 279 的高值处于稳定，随后在其余生长季节下降(图 3.1f)。光合参数显示出与 Chl_{Leaf}类似的季节性变化趋势。在分蘖期至蜡熟期阶段(DOY 227 至 279)，V_{cmax25}较高，随后在其余成熟阶段迅速下降(图 3.1g)。分蘖期至乳熟期(DOY 227 至 267)，J_{max25}较高，随后在成熟阶段迅速下降(图 3.1h)。由于叶片水平的气体交换测量是在相同的 PPFD(1400 $\mu mol \cdot m^{-2} \cdot s^{-1}$)温度受控而且稳定的条件下进行的、并将温度标定为 25℃。结果表明生长季节结束时光合能力的下降是由于叶片衰老过程中叶片色素的分解，而不是不利的环境条件造成的。

3.3.2　叶片色素的季节性变化

在生长季整个阶段，Chl_{Leaf}和 Car_{Leaf}之间($R^2=0.95$，$p<0.001$)以及 Chl_{Leaf}和 Xan_{Leaf}之间存在较强相关性($R^2=0.66$，$p<0.001$)(图 3.2a)。这与所有测量到的叶片色素在整个生长季节所显示的时间一致(图 3.1c，3.1d 和 3.1f)。Xan_{Leaf}具有在光合作用反应中心耗散任何过量且有害激发能的能力(Thayer et al.，1990)。Xan_{Leaf}和 Chl_{Leaf}之间的正线性相关表明 Xan_{Leaf}随着 Chl_{Leaf}的增加而增加。较高的 Chl_{Leaf}会导致较高的吸收 PAR，需要更多的叶黄素来消散过多的能量，特别是在晴天正午时。

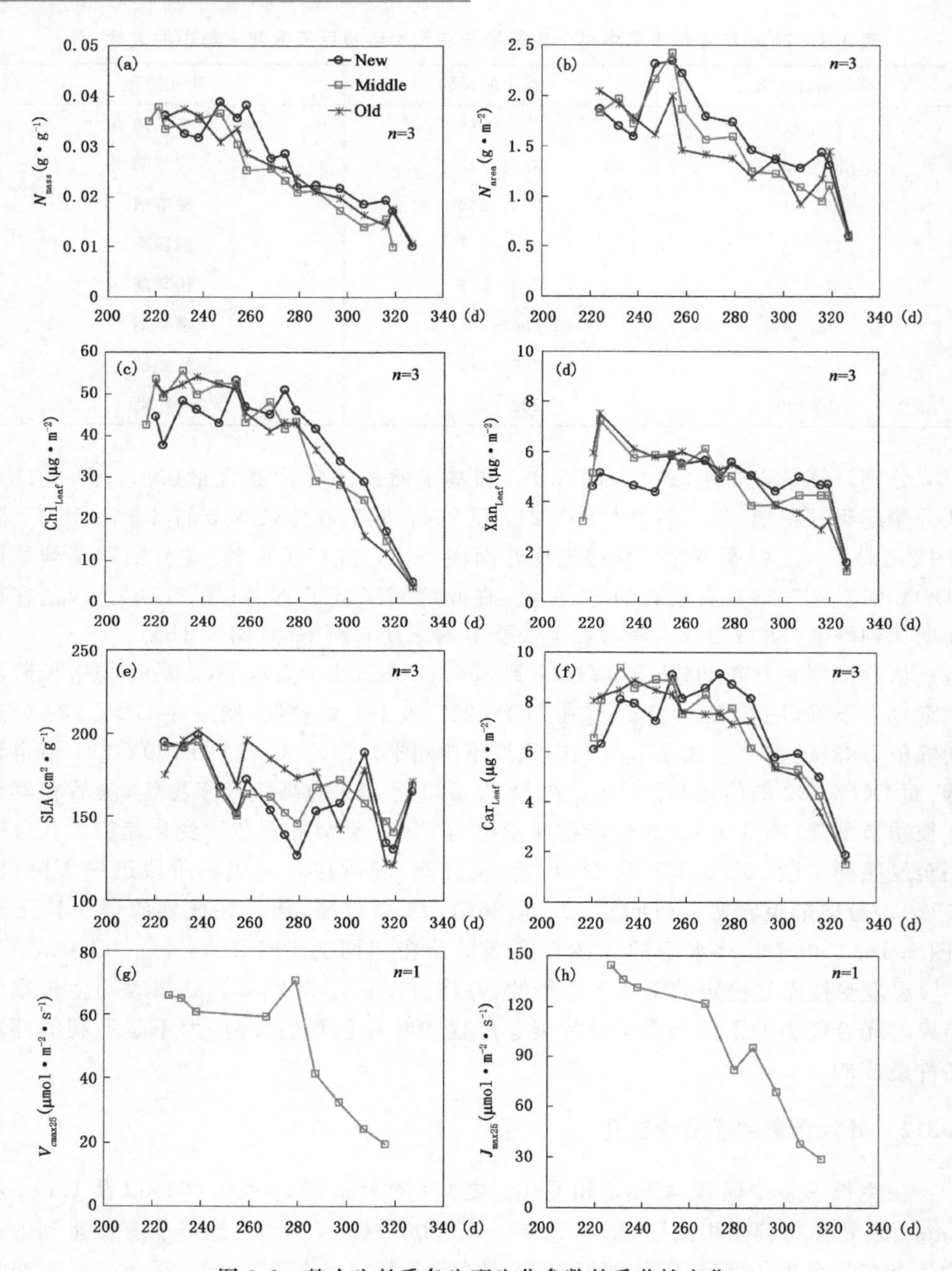

图 3.1 整个生长季各生理生化参数的季节性变化

(a)基于单位质量的叶片氮；(b)基于单位面积的叶含氮；(c)叶绿素含量；(d)叶黄素含量；(e)比叶面积；(f)类胡萝卜素含量；(g)最大碳羧化速率；(h)最大电子传递速率（n 表示每次测量的样本量）

Car_{Leaf}/Chl_{Leaf}和 Xan_{Leaf}/Chl_{Leaf}在大部分生长季节中变化不大。然而，由于 Chl_{Leaf}的下降速度比 Car_{Leaf}或 Xan_{Leaf}（图 3.1c，3.1d 和 3.1f）快得多，因此在生长季节结束时（DOY 297 之后）开始急剧增加（图 3.2b 和 3.2c）。Car_{Leaf}/Chl_{Leaf}在 DOY 297 之前约为 0.16，之后在 DOY 327 之前增加至 0.44（图 3.2b）。Xan_{Leaf}/Chl_{Leaf}在 DOY 297 之前为 0.3 左右，在 DOY 327 之前增加到 0.8 左右（图 3.2c）。

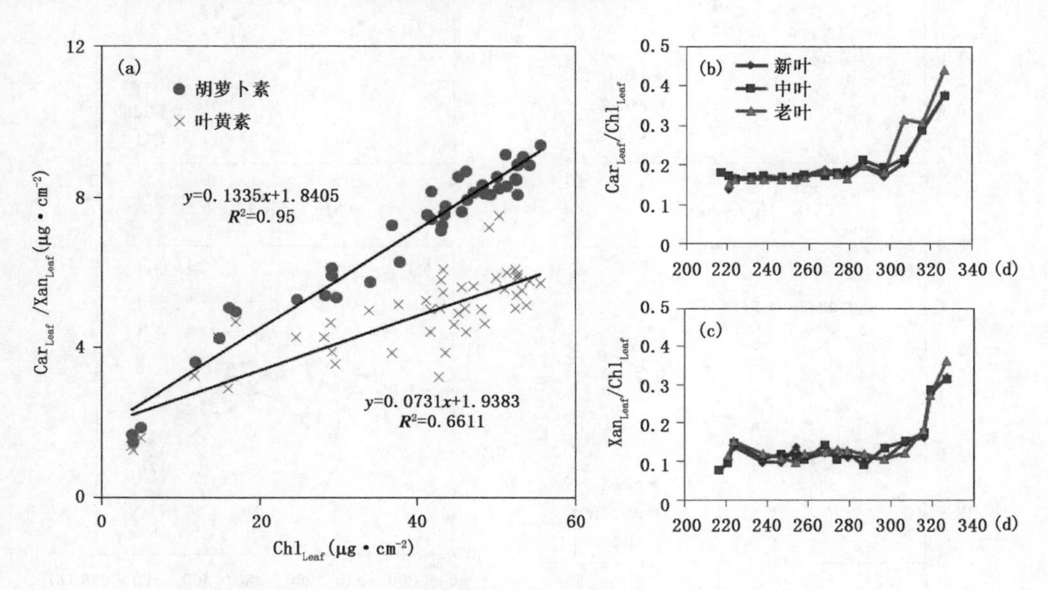

图 3.2　对比叶黄素和类胡萝卜素与叶绿素之间的关系

(a)Chl_{Leaf}与 Car_{Leaf}（红色“○”）和 Xan_{Leaf}（黄色“×”）的相关性；(b)Car_{Leaf}与 Chl_{Leaf}的比例；(c)Xan_{Leaf}与 Chl_{Leaf}比例的季节性变化。叶片色素含量是三株植株叶片上测量值的平均值（$n=3$）

3.3.3　叶绿素 a/b 与叶氮含量的季节性变化

为了将 Chl_{Leaf}用作 N_{Leaf}的替代，很多学者研究 Chl_{Leaf}和 N_{Leaf}之间的关系，后者又被用来估算 V_{cmax25}（Schlemmer et al.，2013；Kalacska et al.，2015）。Chl_{Leaf}和 N_{area}之间的线性相关性（$R^2=0.72$，$p<0.001$）高于叶绿素 a、叶绿素 b 与 N_{area}之间的线性相关性（$R^2=0.64$ 和 $R^2=0.62$；$p<0.001$）（图 3.3a，3.3b 和 3.3c）。

图 3.3d 显示了 Chl-N：N_{area}在 2016 年生长季节的水稻新叶、中叶和老叶的季节变化。在分蘖期（DOY 221），约 1.4%的叶片总氮分配给叶片叶绿素（图 3.3d）。直到生长季节结束，该比例发生显著变化（图 3.3d）。Chl-N 与 N_{area}的比例在完全成熟阶段开始下降（DOY 287），达到 DOY 327 的最低 0.0036（图 3.3d）。结果表明叶片叶绿素分解了，但是在叶片衰老过程中，叶片结构成分中可能会残留氮。

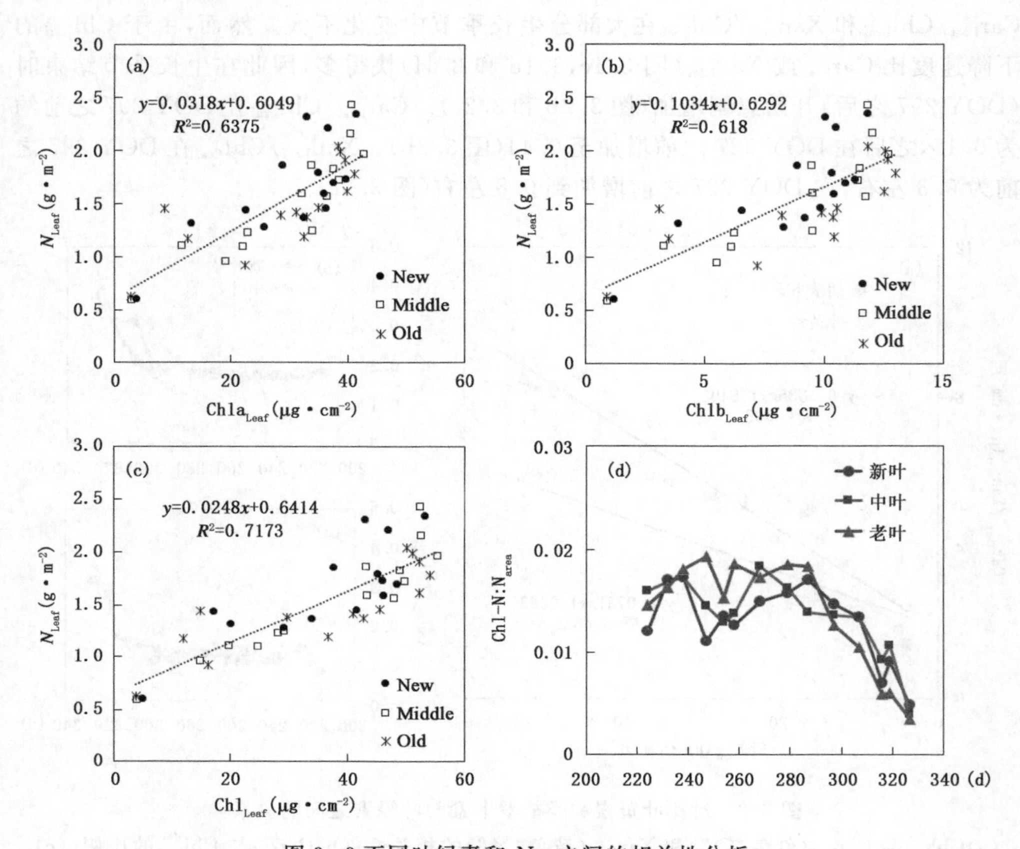

图 3.3 不同叶绿素和 N_{leaf} 之间的相关性分析

(a) 叶绿素 a 与 N_{leaf} 之间的关系；(b) 叶绿素 b 与 N_{leaf} 之间的关系；

(c)总叶绿素与 N_{leaf} 之间的关系(d)叶绿素-氮与 N_{area} 比率的季节性变化

3.4 反演最大碳羧化速率精度分析

3.4.1 叶氮估算最大碳羧化速率

研究表明，Chl_{Leaf} 和 N_{leaf} 与 V_{cmax25} 具有良好相关性，并且在估算 V_{cmax25} 方面，Chl_{Leaf} 的表现优于 N_{leaf}，本章研究结果支持了 Croft 等(2017)的研究结论。N_{leaf} 是植被光合作用的重要调节因子，大约有 50% 的 N_{leaf} 被分配给了光合作用器官(Niinemets et al.,2006)。目前，大多数已发表的论文都使用 N_{leaf} 估算 V_{cmax25} (Walcroft et al.,2002;Whitehead et al.,2004)。此外，叶片光谱反射率数据可用于估算 V_{cmax25}

(Serbin et al.,2012)。然而,叶片氮含量与 V_{cmax25} 之间的关系在物种内部和物种之间有所不同(Grassi et al.,2005; Kattge et al.,2009; Houborg et al.,2015),且与冠层位置有关(Meir et al.,2002)。RuBisCo 酶中只有氮与 V_{cmax25} 直接相关。因此,在存在 V_{cmax25} 较大季节性变化的情况下,叶氮含量不是 V_{cmax25} 的理想估算指标。

另一方面,Chl_{Leaf} 替代作 N_{area} 的估算 V_{cmax25} 时,直接使用 Chl_{Leaf} 建模 V_{cmax25} 可以减少与 Chl_{Leaf}-N_{area} 关系额外误差($R^2=0.72, p<0.001$),进一步用于估算 V_{cmax25}。此外,目前也难以通过遥感方法直接获得 N_{area} (Croft et al.,2014,2017; Knyazikhin et al.,2012)。嵌入叶绿体类囊体膜中的叶绿素分子是在光合作用的第一阶段收集光能以驱动电子传输反应的主要手段。类胡萝卜素还通过将吸收的能量传递到叶绿素上来发挥这一作用。叶绿素分子吸收的光能用于驱动 PSII 中的电子,通过电子传输链到达 PSI,以产生化学能,如 ATP 和 NADPH,用于卡尔文—本森循环。电子传输速率(J)取决于叶片吸收的光合有效辐射 APAR 和 J_{max},如下所示(Farquhar et al.,1980):

$$J=\frac{J_{max}\cdot \text{APAR}}{\text{APAR}+2.1J_{max}} \tag{3.4}$$

式中:APAR 等于入射 PAR 乘以叶片吸收率(Evans et al.,2001);J_{max} 与叶绿素含量有关,由 Chl_{Leaf} 确定(Croft et al.,2017)。基于 J_{max25} 和 V_{cmax25} 之间很强的线性关系(Medlyn et al.,2002;Wullschleger et al.,1993),可认为 Chl_{Leaf} 与 V_{cmax25} 相关。

3.4.2　叶片色素估算最大碳羧化速率

使用 $Chla_{Leaf}\cdot Car_{Leaf}$ 建模估算叶片光合能力比单独使用 Chl_{Leaf} 更为准确。$Chla_{Leaf}\cdot Car_{Leaf}$ 具有生化基础,因为光合作用固有地依赖于叶绿素 a 和类胡萝卜素分子,它们是收集太阳辐射能量来驱动电子传输反应的主要手段。叶绿素和类胡萝卜素与蛋白质结合形成光合天线复合体,捕获光合有效辐射的光子(Liu et al.,2004;Porcar-Castell et al.,2014)。类胡萝卜素还通过将吸收的能量传递到叶绿素上来发挥这一作用。与叶绿素 b 相比,叶绿素 a 从紫蓝色(680 nm)和橙红色(700 nm)的波长吸收大部分能量,并且在电子传输链中起主要电子供体的作用(Raven et al.,2005)。此外,类胡萝卜素在光合作用中的重要功能是作为辅助光收集色素,它吸收 450～570 nm 波长的光能,而叶绿素不能有效吸收(Cogdell et al.,1987)。因此,$Chla_{Leaf}$ 和 Car_{Leaf} 的组合代表了光能够促进光合作用的整个波长范围(Frank et al.,1993;Raven et al.,2005)。$Chla_{Leaf}\cdot Car_{Leaf}$ 与 V_{cmax25} 的较强相关性也支持了光合作用光收集和生化反应"协调机制"假说。

3.4.3　光谱指数反演最大碳羧化速率

整个生长季节中,叶片光谱反射率变化很大(图 3.4a),可见光(450～700 nm)、近红外(NIR,700～1300 nm)和短波红外(SWIR,1500～2500 nm)区域反射率分别为15%,44%和22%。V_{cmax25}和J_{max25}与叶片反射率在全光谱(350～2500 nm;图3.4b)中广泛分布的波长下具有可变相关性(r,−0.63至0.81)。通常在蓝光(450～495 nm)和红边(650～680 nm)观测到V_{cmax25}与叶片反射率之间存在正相关,而在绿光(530～580 nm)区域和整个区域观测到中等程度负相关(图3.4b和3.4c)。在整个光谱范围内(350～2500 nm;图3.4b)观测到J_{max25}与叶片反射率之间存在正相关,而在蓝光(450～495 nm)和红边(650～680 nm)区域则存在强正相关(图3.4b、图3.4b和3.4c)。

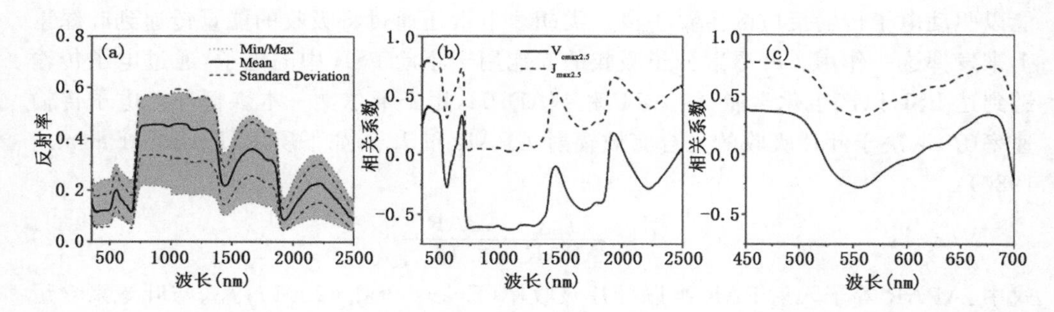

图3.4 (a)2016年8月25日至11月2日晴天中午(大约12:00)采集水稻中叶光谱反射率的平均值,±1标准偏差;(b)整个光谱光谱反射率和V_{cmax25}之间的相关系数;(c)部分光谱的叶片光谱反射率和V_{cmax25}之间的相关系数(附彩图)

V_{cmax25}和J_{max25}与Chl_{Leaf},N_{mass},N_{area},Car_{Leaf}和Xan_{Leaf}的相关性如图3.5所示。所有叶片色素和叶氮与V_{cmax25}均具有很强的相关性,其中Chl_{Leaf}和V_{cmax25}的相关性最强($R^2=0.89$,$p<0.001$)和N_{mass}和J_{max25}($R^2=0.89$,$p<0.001$)(图3.5a和3.5g)。N_{mass}和Xan_{Leaf}($\mu g\cdot cm^{-2}$)与V_{cmax25}的相关性最弱(分别为$R^2=0.65$和$R^2=0.75$)。基于图3.5所示的经验关系,可以使用以下式式从Chl_{Leaf}估计V_{cmax25}:

$$V_{cmax25}=1.44(10^{-4}\ mol\cdot g^{-1}\cdot s^{-1})\cdot Chl_{Leaf}(\mu g\cdot cm^{-2})-5.73\ \mu mol\cdot m^{-2}\cdot s^{-1} \quad (3.5)$$

Croft等(2017)发现V_{cmax25}与Chl_{Leaf}在混合森林(即白杨,红枫,大齿白杨和白蜡树)中具有很强的线性关系。本章研究中我们证实了V_{cmax25}与Chl_{Leaf}在水稻中的线性关系。但是,本研究发现的线性关系的斜率和截距与Croft等(2017)的结果不同,这些结果对遥感研究具有重大意义。与Chl_{Leaf}相比,由于缺乏氮含量的强光谱吸收特征,因此利用遥感手段直接探测叶氮非常困难(Wang et al.,2017)。相反,Chl_{Leaf}可以通过遥感技术直接获得,进而可以利用Chl_{Leaf}直接估算V_{cmax25}。

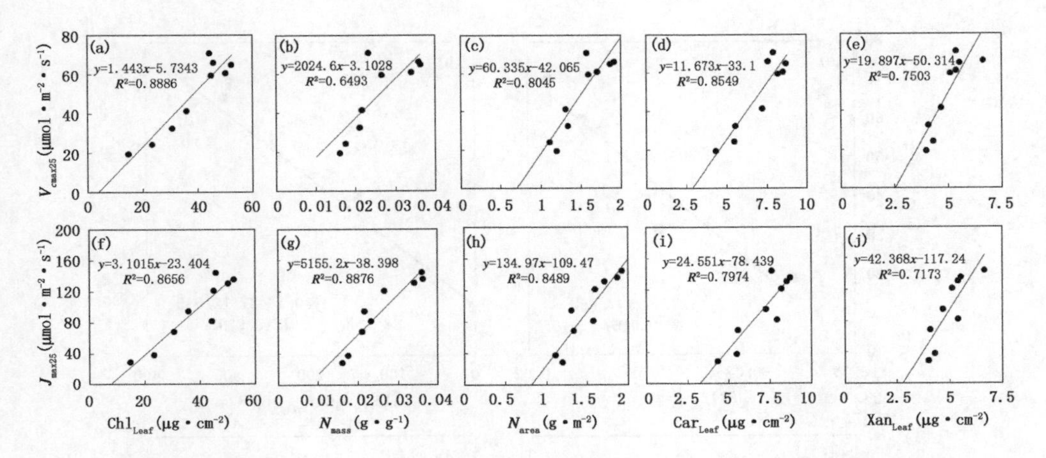

图 3.5 V_{cmax25} 和(a)Chl_{Leaf};(b)N_{mass};(c)N_{area};(d)Car_{Leaf};(e)Xan_{Leaf} 相关性分析;以及 J_{max25} 和(f)Chl_{Leaf};(g)N_{mass};(h)N_{area};(i)Car_{Leaf};(j)Xan_{Leaf} 相关性分析。在 2016 年的生长季节。叶片色素和叶氮含量是三株植物的中叶($n=3$)上测量结果的平均值,代表性植物的中叶($n=1$)上测量 V_{cmax25} 和 J_{max25}

$$V_{cmax25} = 35.93(10^{-4}\mathrm{mol \cdot g^{-1} \cdot s^{-1}}) \cdot PRI_{Leaf\_noon} \cdot (Chl_{Leaf} + Car_{Leaf})(\mu\mathrm{g \cdot cm^{-2}}) + 42.16\ \mu\mathrm{mol \cdot m^{-2} \cdot s^{-1}} \tag{3.6}$$

本章还将叶片光合色素与 PRI 结合以提高 V_{cmax25} 估算精度(图 3.6)。在 V_{cmax25} 和 PRI_{Leaf_noon}($R^2=0.9167, p<0.001$),$PRI_{Leaf\_noon} \cdot Xan_{Leaf}$($R^2=0.9474, p<0.001$),$PRI_{Leaf\_noon} \cdot Car_{Leaf}$($R^2=0.9638, p<0.001$),$PRI_{Leaf\_noon} \cdot Chl_{Leaf}$($R^2=0.9609, p<0.001$),$PRI_{Leaf\_noon} \cdot (Chl_{Leaf}+Car_{Leaf})$($R^2=0.9644, p<0.001$)和 $Chla_{Leaf} \cdot Car_{Leaf}$($R^2=0.9297, p<0.001$)(图 3.6)),并且这些相关性比 Chl_{Leaf} 和 V_{cmax25} 的相关性强($R^2=0.89, p<0.001$)(图 3.5a)。基于图 3.6 所示的经验关系,可以用其更好地来估算 V_{cmax25}:

$$V_{cmax25} = 35.93(10^{-4}\ \mathrm{mol \cdot g^{-1} \cdot s^{-1}}) \cdot PRI_{Leaf\_noon} \cdot (Chl_{Leaf} + Car_{Leaf})(\mu\mathrm{g \cdot cm^{-2}}) + 42.16\ \mu\mathrm{mol \cdot m^{-2} \cdot s^{-1}} \tag{3.7}$$

已发现 PRI_{Leaf_noon} 与 $\Delta F/F_m'$ 密切相关,$\Delta F/F_m'$ 是基于荧光的 PSII 光化学效率指数(Gamon et al.,1997; Chou et al.,2017),而本研究发现在 PRI_{Leaf_noon} 和 V_{cmax25} 之间存在强相关性。因此,结合前两个研究发现,$\Delta F/F_m'$ 可以与 V_{cmax25} 密切相关,这也支持了光合作用中光化学和生化成分的协调机制假说。PSII 活性与 V_{cmax25} 之间的这种紧密联系表明整个光合作用系统内资源的有效分配,同时在强光条件下为重要的光合作用提供了保护(Gamon et al.,1997)。如果 PRI_{Leaf_noon} 和 V_{cmax25} 之间的强相关性在所有条件下都成立,则 PRI_{Leaf_noon} 可用作 V_{cmax25} 的估算指标。因此,应该对其他物种和生物群落进行更多研究以检验这种相关性。

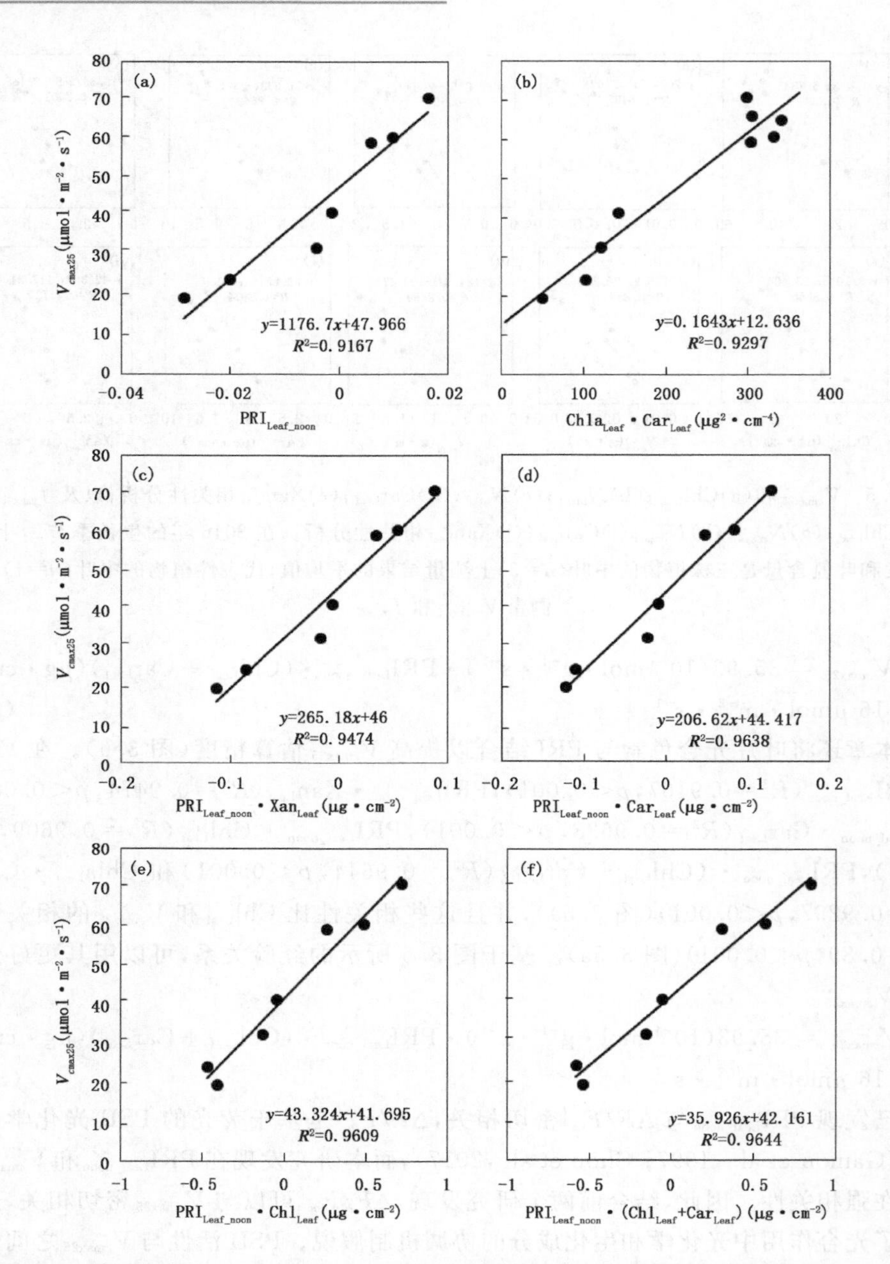

图 3.6　晴天中午 V_{cmax25} 与(a)叶片 PRI;(b)叶绿素 a 含量和类胡萝卜素含量($Chla_{Leaf}$ · Car_{Leaf})的乘积;(c)PRI_{Leaf_noon} · Xan_{Leaf};(d)PRI_{Leaf_noon} · Car_{Leaf};(e)PRI_{Leaf_noon} · Chl_{Leaf};(f)PRI_{Leaf_noon} ·(Chl_{Leaf}+Car_{Leaf})之间的关系(PRI_{Leaf_noon} 和叶片色素含量是三株植物中部叶片(n=3)的平均值,而 V_{cmax25} 在有代表性的植物的中叶测得(n=1))

除PRI外叶片全光谱反射率与偏最小二乘回归(PLSR)相结合可以准确估算V_{cmax}(Serbin et al.,2012)。使用在晴天正午时测得的叶片全光谱反射率数据($\lambda=$350～2500 nm)和PLSR模型来估算V_{cmax25}。当在最终模型中使用4个PLSR分量生成波长系数时,RMSE为1.46。这与Serbin等(2012)的发现一致。

结果表明,使用$PRI_{Leaf_noon} \cdot Car_{Leaf}$或$PRI_{Leaf_noon} \cdot Xan_{Leaf}$估算$V_{cmax25}$可能比仅通过PRI更准确。如上所述,叶片类胡萝卜素是重要的光合色素(Frank et al.,1993),而叶黄素的功能是在叶片暴露于高水平辐射时消散掉多余的能量(Gamon et al.,1992)。Xan_{Leaf}值越高,表示可以消散更多的吸收辐射能量。因此,Car_{Leaf}和Xan_{Leaf}都与光合作用中光收集的能力密切相关。如上所述,V_{cmax25}与$PRI_{Leaf_noon} \cdot Car_{Leaf}$或$PRI_{Leaf_noon} \cdot Xan_{Leaf}$的紧密相关性支持了光合作用中光吸收,光化学和生化反应"协调机制"的假说。

3.4.4 全球尺度最大碳羧化速率制图可行性分析

叶片水平PRI和光合色素可以指示作物的光合作用能力,并在大尺度空间上对V_{cmax25}进行探测的强大潜力,尽管这些仅在水稻田中得到证实,并且需要在不同植物物种和环境条件的其他生态系统中进行测试(Croft et al.,2017)。而且,叶片光谱不同于机载或卫星遥感。例如,卫星遥感应考虑太阳观测几何的变化和大气(Hilker et al.,2009)的影响。当前,有很多选择可从机载或卫星遥感平台获取PRI(Hilker et al.,2011,2012)。这些机载或卫星传感器(即CASI,CHRIS PROBA和enMap)的光谱分辨率范围为6～10 nm,空间分辨率范围为2 m至1 km (Liu et al.,2017; Hilker et al.,2011,2012)。尽管SIF也可以用作在大尺度上估算V_{cmax25}(Zhang et al.,2014),但通常是在较粗糙的空间分辨率下获得SIF测量值(即GOME-2,40 km×80 km)。即使OCO-2的SIF产品具有1.29 km×2.25 km的高空间分辨率,它仍比PRI卫星产品(即EnMAP和CHRIS PROBA)更粗糙。

利用光合色素在大尺度空间上V_{cmax25}制图限制是缺乏区域或全球尺度准确的叶光合色素产品,很大程度上是受到卫星传感器对色素敏感波长(即"红边")采样不足的影响。美国国家航空航天局(NASA)设计的SBG(Surface Biology and Geology)成像光谱仪,它可提供可见的短波和红外图像,具有高光谱分辨率和30～60 m的空间分辨率。在叶片水平上,已经开发基于叶片光谱反射率的叶绿素含量指数来无损地估计Chl_{Leaf}(Gitelson et al.,2003;Croft et al.,2014)。在冠层水平,叶片反射率还受到叶片结构、LAI、Ω、叶倾角、树木密度、非光合木质成分(Simic et al.,2011;Croft et al.,2013;Wu et al.,2008)以及观测几何、地表植被类型(Broge et al.,2001)的影响。因此,叶绿素指数在更大的空间范围、时间间隔和不同物种中应用变得困难。基于物理的辐射传输模型(例如PROSPECT模型)的反演(Croft et al.,2013)显示了在更大的空间尺度估计和使用叶片色素含量的潜力。减少了光谱带的数量(Croft et al.,2015)。因此,使用遥感数据获取空间分布的光合色素在大尺度上绘制 V_{cmax25} 的前景变得现实。

3.5 小结

本章测量了 2016 年生长季植物的 V_{cmax25} 和 J_{max25}、N_{Leaf}、叶片色素(如 Chl_{Leaf},Car_{Leaf} 和 Xan_{Leaf})和叶片光谱反射率的季节性变化,结论如下:

(1)本研究支持 Croft(2017)等的结论。Chl_{Leaf} 与 V_{cmax25} 和 J_{max25} 高度相关(R^2 分别为 0.89 和 0.87),并比 N_{Leaf}($R^2=$ 0.80 和 0.85 分别)更好。

(2)将 PRI_{Leaf_noon} 与叶片色素(Chl_{Leaf},Car_{Leaf} 和 Xan_{Leaf})结合使用提供了另外一种估算 V_{cmax25} 的方法。这项研究中,与单独使用叶片色素或单独使用 PRI_{Leaf_noon} 相比,这些组合与 V_{cmax25} 的相关性更好。$PRI_{Leaf\_noon} \cdot (Chl_{Leaf}+Car_{Leaf})$ 与 V_{cmax25} 的相关性最强($R^2=0.9644$)。

(3)V_{cmax25} 与 PRI,叶片光合色素或其组合的相关性支持了光合成分包括光抑制、光化学过程和生化成分"协调机制"的假说。

参考文献

ARAIN M A,BLACK T A,BARR A G,et al, 2002. Effects of seasonal and interannual climate variability on net ecosystem productivity of boreal deciduous and conifer forests[J]. Canadian Journal of Forest Research, 32(5):878-891.

ARAIN M A,YUAN F,ANDREW B T, 2006. Soil-plant nitrogen cycling modulated carbon exchanges in a western temperate conifer forest in Canada[J]. Agricultural and Forest Meteorology, 140(4):171-192.

BROGE N H,LEBLANC E,2001,Comparing prediction power and stability of broadband and hyperspectral vegetation indices for estimation of green leaf area index and canopy chlorophyll density[J]. Remote Sensing of Environment, 76(2):156-172.

CHAPIN III F S,PAMELA A M,HAROLD A M,2002. Principles of terrestrial ecosystem ecology. New York: Springer.

CHEN B,LIU J,CHEN J M,et al,2016. Assessment of foliage clumping effects on evapotranspiration estimates in forested ecosyste ms[J]. Agricultural and Forest Meteorology, 216(2016): 82-92.

CHEN J M,LIU J,CIHLAR J,et al,1999. Daily canopy photosynthesis model through temporal and spatial scaling for remote sensing applications[J]. Ecological Modelling, 124(3):99-119.

CHOU S R,CHEN J M,YU H,et al,2017. Canopy-Level Photochemical Reflectance Index from

Hyperspectral Remote Sensing and Leaf-Level Non-Photochemical Quenching as Early Indicators of Water Stress in Maize[J]. Remote Sensing, 9(8):794-810.

COGDELL R J, FRANK H A, 1987. How carotenoids function in photosynthetic bacteria[J]. BBA- Rev on Bioenergetics, 895(2):63-79.

CROFT H, CHEN J M, LUO X, et al, 2017. Leaf chlorophyll content as a proxy for leaf photosynthetic capacity[J]. Global Change Biology, 12:1-7.

CROFT H, CHEN J M, ZHANG Y, 2014. The applicability of empirical vegetation indices for determining leaf chlorophyll content over different leaf and canopy structures[J]. Ecological Complexity, 17:119-130.

CROFT H, CHEN J M, ZHANG Y, et al, 2013. Modelling leaf chlorophyll content in broadleaf and needle leaf canopies from ground, CASI, Landsat TM 5 and MERIS reflectance data[J]. Remote Sensing of Environment, 133(15):128-140.

CROFT H, CHEN J M, ZHANG Y, et al, 2015. Evaluating leaf chlorophyll content prediction from multispectral remote sensing data within a physically-based modelling framework[J]. ISPRS Journal of Photogrammetry & Remote Sensing, 102(5):85-95.

CROUS K Y, DRAKE J E, ASPINWALL M J, et al, 2018. Photosynthetic capacity and leaf nitrogen decline along a controlled climate gradient in provenances of two widely distributed Eucalyptus species[J]. Global Change Biology, 1354-1364.

ELLSWORTH D S, REICH P B, 1993. Canopy structure and vertical patterns of photosynthesis and related leaf traits in a deciduous forest[J]. Oecologia, 96(2):169-178.

ETHIER G, LIVINGSTON N, 2004. On the need to incorporate sensitivity to CO_2 transfer conductance into the Farquhar-von Caemmerer-Berry leaf photosynthesis model[J]. Plant Cell and Environment, 27(2):137-153.

EVANS J R, 1989. Photosynthesis and nitrogen relationships in leaves of C3 plants[J]. Oecologia, 78(1):9-19.

EVANS J R, POORTER H, 2001. Photosynthetic acclimation of plants to growth irradiance: the relative importance of specific leaf area and nitrogen partitioning in maximizing carbon gain[J]. Plant Cell and Environment, 24(8):755-767.

FARQUHAR G D, CAEMMERER S V, BERRY J A, 1980. A Biochemical-Model of Photosynthetic CO_2 Assimilation in Leaves of C3 Species[J]. Planta, 149(1):78-90.

FILELLA I, PORCAR-CASTELL A, MUNNE-BOSCH S, et al, 2009. PRI assessment of long-term changes in carotenoid/chlorophyll ratio and short-term changes in de-epoxidation state of the xanthophyll cycle[J]. International Journal of Remote Sensing, 30(17):4443-4455.

FOLEY J A, PRENTICE I C, RAMANKUTTY N, et al, 1996. An Integrated Biosphere Model of Land Surface Processes, Terrestrial Carbon Balance, and Vegetation Dynamics[J]. Global Biogeochemical Cycle of Boron, 10(4):603-628.

FRANK H A, COGDELL R J, 1993. The photochemistry and Function of Carotenoids in Photosynthesis[M]. Carotenoids in Photosynthesis, Springer Netherlands.

FRANK H A,COGDELL R J,1996. Carotenoids in Photosynthesis[J]. Journal of Photochemistry and Photobiology, 63(3): 257-264.

GAMON J A,BOND B,2013. Effects of irradiance and photosynthetic downregulation on the photochemical reflectance index in Douglas-fir and ponderosa pine[J]. Remote Sensing of Environment,135:141-149.

GAMON J A,FIELD C B,BILGER W,et al,1990. Remote-Sensing of the Xanthophyll Cycle and Chlorophyll Fluorescence in Sunflower Leaves and Canopies[J]. Oecologia, 85(1):1-7.

GAMON J A,PENUELAS J,FIELD C B,1992. A narrow-waveband spectral index that tracks diurnal changes in photosynthetic efficiency[J]. Remote Sensing of Environment, 41(1):35-44.

GAMON J A,SERRANO L,SURFUS J S,1997. The photochemical reflectance index: an optical indicator of photosynthetic radiation use efficiency across species, functional types, and nutrient levels[J]. Oecologia. 112(4):492-501.

GARBULSKY M F,PENUELAS J,GAMON J,et al,2011. The photochemical reflectance index (PRI) and the remote sensing of leaf, canopy and ecosystem radiation use efficiencies A review and meta-analysis[J]. Remote Sensing of Environment, 115(2):281-297.

GITELSON A A,GAMON J A,SOLOVCHENKO A,2017. Multiple drivers of seasonal change in PRI: Implications for photosynthesis 1. Leaf level[J]. Remote Sensing of Environment, 191 (2017):110-116.

GITELSON A A,GAMON J A,SOLOVCHENKO A,2017. Multiple drives of seasonal change in PRI: Implications for photosynthesis 1. Leaf level[J]. Remote Sensing of Environment, 191: 110-116.

GITELSON A A,GRITZ Y,MERZLYAK M N,2003. Relationships between leaf chlorophyll content and spectral reflectance and algorith ms for non-destructive chlorophyll assessment in higher plant leaves[J]. Journal of Plant Physiology, 160(3):271-282.

GONSAMO A,CHEN J M,PRICE D T,et al,2013. Improved assessment of gross and net primary productivity of Canada's landmass[J]. Journal of Geophysical Research-Biogeosciences, 118: 1546-1560.

GRASSI G. , VICINELLI E,PONTI F,et al,2005. Seasonal and interannual variability of photosynthetic capacity in relation to leaf nitrogen in a deciduous forest plantation in northern Italy [J]. Tree Physiology. 25(3):349-360.

HILKER T,COOPS N,HALL F,et al,2011. Inferring terrestrial photosynthetic light use efficiency of temperate ecosyste ms from space[J]. Journal of Geophysical Research Biogeosciences. 116: 668-675.

HILKER T,HALL F G,TUCKER C J,et al,2012. Data assimilation of photosynthetic light-use efficiency using multi-angular satellite data: II Model implementation and validation[J]. Remote Sensing of Environment, (2012):287-300.

HILKER T,LYAPUSTIN A,HALL F G,et al, 2009. An assessment of photosynthetic light use efficiency from space: modeling the atmospheric and directional impacts on PRI reflectance[J].

Remote Sensing of Environment, 113(11):2463-2475.

HOUBORG R,FISHER J B,SKIDMORE A K,2015. Advances in remote sensing of vegetation function and traits[J]. International Journal of Applied Earth Observation and Geoinformation, 43:1-6.

HUANG K,XIA J,WANG Y,et al,2018. Enhanced peak growth of global vegetation and its key mechanis ms[J]. Nature Ecology and Evolution, 2(12): 1897-1905.

IPCC,2013. Climate Change 2013: The Physical Science Basis. Contribution to working group I to the fifth assessment report of the intergovernmental panel on climate change: Cambridge University Press.

KALACSKA M,LALONDE M,MOORE T R,2015, Estimation of foliar chlorophyll and nitrogen content in an ombrotrophic bog from hyperspectral data: Scaling from leaf to image[J]. Remote Sensing of Environment, 169:270-279.

KATTGE J,KNORR W,RADDATZ T,et al,2009. Quantifying photosynthetic capacity and its relationship to leaf nitrogen content for global-scale terrestrial biosphere models [J]. Global Change Biology, 15(4):976-991.

KNYAZIKHIN Y,SCHULL M A,STENBERG P,et al,2012. Hyperspectral remote sensing of foliar nitrogen content[J]. PNAS, 110(3):185-192.

LAL R,2004. Soil carbon sequestration impacts on global climate change and food security[J]. Science, 304(5677):1623-1627.

LICHTENTHALER H K,WELLBURN A R,1983. Determinations of total carotenoids and chlorophylls a and b of leaf extracts in different solvents[J]. Biochemical Society Transactions, 11: 591-592.

LIU X L,HOU Z T,SHI Z T,et al,2017. A shadow identification method using vegetation indices derived from hyperspectral data[J]. International Journal of Remote Sensing, 38:5357-5373.

LIU Z,YAN H,WANG K,et al,2004. Crystal structure of spinach major light-harvesting complex at 2.72 Åresolution[J]. Nature, 428:287-292.

MEDLYN B E,BDECK F W,PURY D G G,et al,1999. Effects of elevated [CO_2] on photosynthesis in European forest species: a meta-analysis of model parameters[J]. Plant Cell Environment, 22(12):1475-1495.

MEIR P,KRUIJT B,BROADMEADOW M,et al,2002. Acclimation of photosynthetic capacity to irradiance in tree canopies in relation to leaf nitrogen concentration and leaf mass per unit area [J]. Plant Cell Environment, 25:343-357.

MISSON L,TU K P,BONIELLO R A,et al,2006. Seasonality of photosynthetic parameters in a multi-specific and vertically complex forest ecosystem in the Sierra Nevada of California[J]. Tree Physiology, 26(6):729-741.

NIINEMETS U,SACK L,2006. Structural Determinants of leaf light-harvesting capacity and photosynthetic potentials[M], Progress in Botany. Springer Berlin Heidelberg.

PORCAR-CASTELL A,TYYSTJÄRVI E,ATHERTON J,et al,2014. Linking chlorophyll a fluorescence to photosynthesis for remote sensing applications: mechanis ms and challenges[J]. Journal of Experimental Botany, 65(15):4065-4095.

RAVEN P H,EVERT R F,EICHHORN S E,2005. Photosynthesis, Light, and Life[J]. Biology of Plants W H Freeman, 55:119-127.

SCHLEMMER M,GITELSON A,SCHEPERS J,et al,2013. Remote estimation of nitrogen and chlorophyll contents in maize at leaf and canopy levels[J]. International Journal of Applied Earth Observation and Geoinformation, 25:47-54.

SERBIN S P,DILLAWAY D N,KRUGER E L,et al,2012. Leaf optical properties reflect variation in photosynthetic metabolism and its sensitivity to temperature[J]. Journal of Experimental Botany, 63(1): 489-502.

SHARKEY T D,BERNACCHI C J,FARQUHAR G D,et al,2007. Fitting photosynthetic carbon dioxide response curves for C3 leaves[J]. Plant Cell Environment, 30(9):1035-1040.

SIMIC A,J M CHEN,T L NOLAND,2011. Retrieval of forest chlorophyll content using canopy structure parameters derived from multi-angle data: the measurement concept of combining nadir hyperspectral and off-nadir multispectral data[J]. International Journal of Remote Sensing, 32(20): 5621-5644.

THAYER S S, BJORKMAN O B,1992. Carotenoid distribution and de-epoxidation in thylakoid pigment-protein complexes from cotton leaves and bundle-sheath cells of maize[J]. Photosynthesis Research, 33 (3): 213-225.

THAYER S S,BJÖRKMAN O,1990. Leaf Xanthophyll content and composition in sun and shade determined by HPLC[J]. Photosynthesis Research, 23(3): 331-343.

WALCROFT A,LE ROUX X,DIAZ-ESPEJO A,et al,2002. Effects of crown development on leaf irradiance, leaf morphology and photosynthetic capacity in a peach tree[J]. Tree Physiol. 22 (13):929-938.

WANG B J,CHEN J M,JU W M,et al,2017. Limited Effects of Water Absorption on Reducing the Accuracy of Leaf Nitrogen Estimation[J]. Remote Sensing, 9(3):16, 291-307.

WHITEHEAD D,BEADLE C L,2004. Physiological regulation of productivity and water use in Eucalyptus: a review[J]. Forest Ecology and Management, 193 (1):113-140.

WONG Y S,GAMON A J,2015. The photochemical reflectance index provides an optical indicator of spring photosynthetic activation in evergreen conifers[J]. New Phytologist, 206(1):1-13

WU C Y,NIU Z,TANG Q,et al,2008. Estimating chlorophyll content from hyperspectral vegetation indices: Modeling and validation[J]. Agricultural and Forest Meteorology, 148(8): 1230-1241.

WULLSCHLEGER S D,1993. Biochemical Limitations to Carbon Assimilation in C3 Plants-A Retrospective Analysis of the A/Ci Curves from 109 Species[J]. Journal of Experimental Botany, 44:907-920.

YANG G M,CHEN Y,FU Z C,et al,2015. Investigation of paddy soil environment quality in Jurong city[J]. Modern Agricultural Science and Technology, 132:210-216.

ZHANG F,CHEN J M,CHEN J,et al,2012. Evaluating spatial and temporal patterns of MODIS GPP over the conterminous U. S. against flux measurements and a process model[J]. Remote Sensing of Environment，124:717-729.

ZHANG Y G,GUANTER L,BERRY J A,et al,2014. Estimation of vegetation photosynthetic capacity from space-based measurements of chlorophyll fluorescence for terrestrial biosphere models[J]. Global Change Biology，20(12):3727-3742.

第4章 多角度光谱观测方法与系统

4.1 引言

全球已建500多个涡流协方差(EC)通量塔站点,测量生态系统与大气之间的碳、水和能量通量。然而,这些测量在空间上是离散的,并且将测量的通量扩大到更大的范围是困难的(Porcar-Castell et al.,2014;Hilker et al.,2010)。目前光谱仪(Ocean Optics公司的HR4000、HR2000和QE pro)的光谱分辨率已得到显著改善(0.5～3 nm),且可以探测植被冠层微弱的SIF信号(Yang et al.,2015;Cogliati et al.,2015;Zhou et al.,2016; Liu et al.,2016,2017)。因此,可以在通量塔上利用光谱仪和通量仪器同时测量SIF和CO_2通量(Yang et al.,2015;Cogliati et al.,2015;Liu et al.,2017)。此外,许多学者发现SIF与GPP之间的相关性可以通过涡流协方差测量的CO_2通量计算得到。并在站点尺度上建立SIF-GPP估算模型,这对卫星平台在全球尺度上利用SIF估算GPP很有帮助(Zhang et al.,2016,2018;Walther et al.,2016;He et al.,2019;Frankenberg,2011;Sun et al.,2017;Joiner et al.,2016;Guanter et al.,2007,2012,2014)。

目前为止,大多数基于通量塔的荧光测量系统都是在星下点进行冠层SIF测量(Yang et al.,2015;Zhou et al.,2016;Liu et al.,2017)。但是观测SIF的角度分布是不均匀的,并且从热点方向(观测方向和太阳方向一致),观测到的SIF(大部分为阳叶SIF)高于从暗点方向(大部分为阴叶SIF)(He et al.,2017;Pinto et al.,2017;Chen et al.,1997)。如果不考虑上述观测几何的变化,则会将SIF和GPP之间关系引入重大不确定性(He et al.,2017)。

本研究中我们设计了一个基于通量塔的冠层多角度SIF的观测系统。MFS系统包括两个具有高光通量和光谱分辨率的光谱仪(Ocean Optics HR4000)(Chou,2018)。该观测系统用于在4个观测天顶角(VZA=32°,42°,52°,62°)和11个观测方位角(VAA=30°,60°,90°,120°,150°, 180°,210°,240°,300°,330°,360°)。本章研究基于以下假设:(1)下垫面在空间上是均匀的,不同方向上冠层获取的不同区域测量结果,可以视为在相同方向上从相同区域获得的测量结果;(2)视场(FOV)足够大,以便从每个角度观测的范围都能代表冠层平均状况。

4.2 传感器校正

4.2.1 试验区域

测量仪器安装于江苏省句容站(31°9′N,119°1′E)。句容站是由南京大学国际地球系统科学研究所(ESSI,NJU)于2015年建立的,在试验站进行碳水通量和遥感光谱测量(图4.1)。该地点的年平均温度约为15.4℃,年平均总降水量为1106 mm(Yang et al.,2015)。

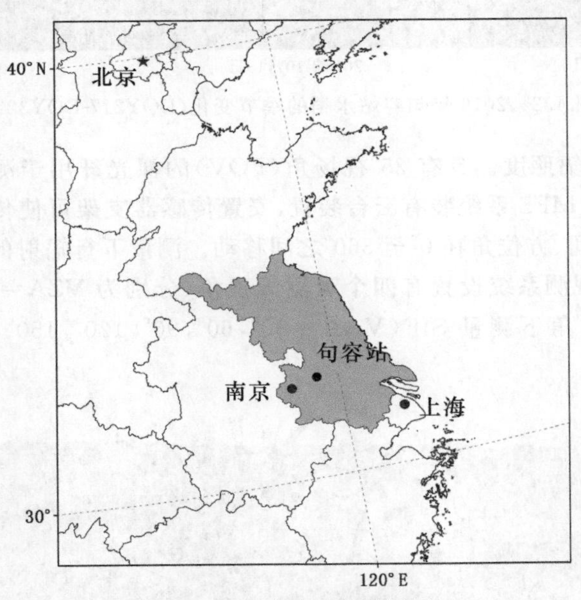

图4.1 句容实验站位置图

试验区的水稻用常规肥料补充灌溉栽培,生长状况均匀。水稻于2016年6月7日播种(DOY 159)。自2016年9月3日至10月16日(封垄后),利用MFS观测冠层SIF(图4.2)。MFS系统安装在一个3.5 m长的垂直杆上,用于测量冠层光谱反射率和SIF。

4.2.2 设备安装

MFS有两个光谱仪(HR4000,美国OceanOptics公司)。两个下行的光纤安装在旋转云台(PTU-D46)。向上的光纤装有余弦校正器(CC-3,美国OceanOptics公

图 4.2　2016 年句容站水稻的季节变化(DOY217-DOY327)

司)用于测量下行辐照度。具有 25°视场角(FOV)的裸光纤用于测量目标的太阳上行辐射(图 4.3)。MFS 系统装有云台装置,安置传感器支架可使传感器探头可在天顶角 32°至 72°之间、方位角在 0°至 360°之间移动。测量下行辐射的传感器光纤安装有余弦接收器。观测系统设置有四个观测天顶角(分别为 VZA＝32°,42°,52°,62°)和 11 个观测方位角下测量 SIF(VAA＝30°,60°,90°,120°,150°,180°,210°,240°,300°,330°,360°)。

图 4.3　运行中的多角度叶绿素荧光测量系统(MFS)

仪器箱(0.30 m×0.50 m×0.40 m)用于固定光谱仪和装载冷却系统(图 4.4)。仪器箱中的空气温度控制在 26±1.5℃(图 4.5)。光谱仪采集的数据通过 USB,RS232 和以太网通信传输存储于计算机(图 4.6)。连接光谱仪和计算机的数据线长约 35 m。

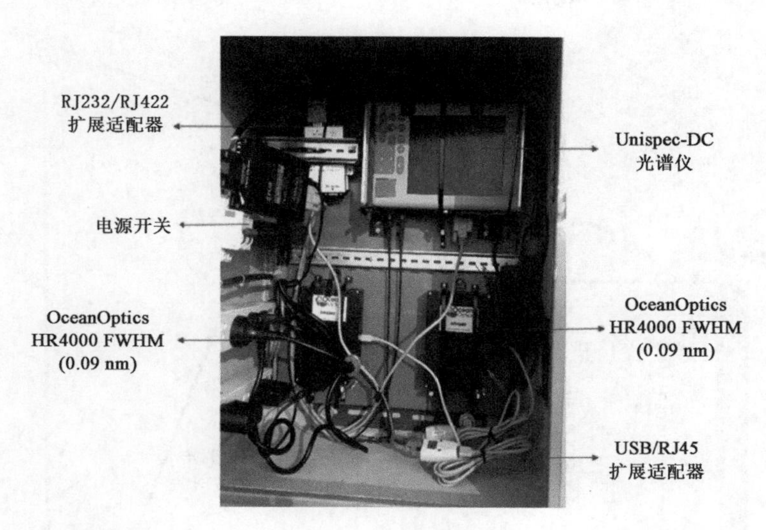

图 4.4　MFS 观测系统
（包括两个光谱仪(HR4000,FWHM 0.09 nm)、
电源开关、RJ232 转 RJ422 扩展适配器和 USB/RJ45 扩展适配器)

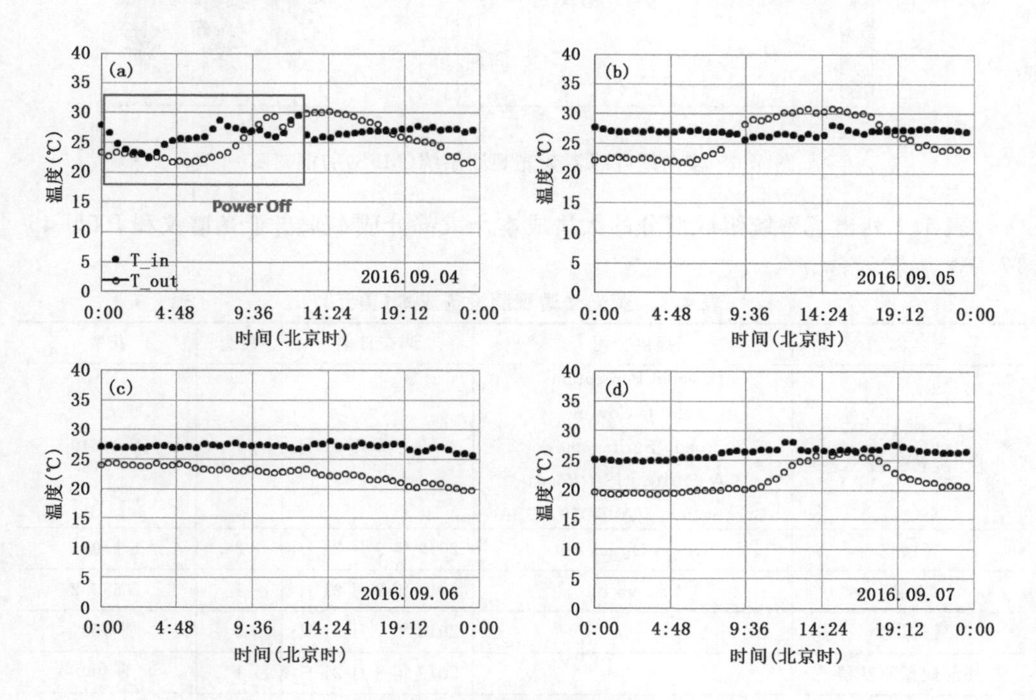

图 4.5　仪器箱中的空气湿度
(T_in 代表仪器箱内部测得的空气温度,T_out 代表在通量塔处测得的环境空气温度)

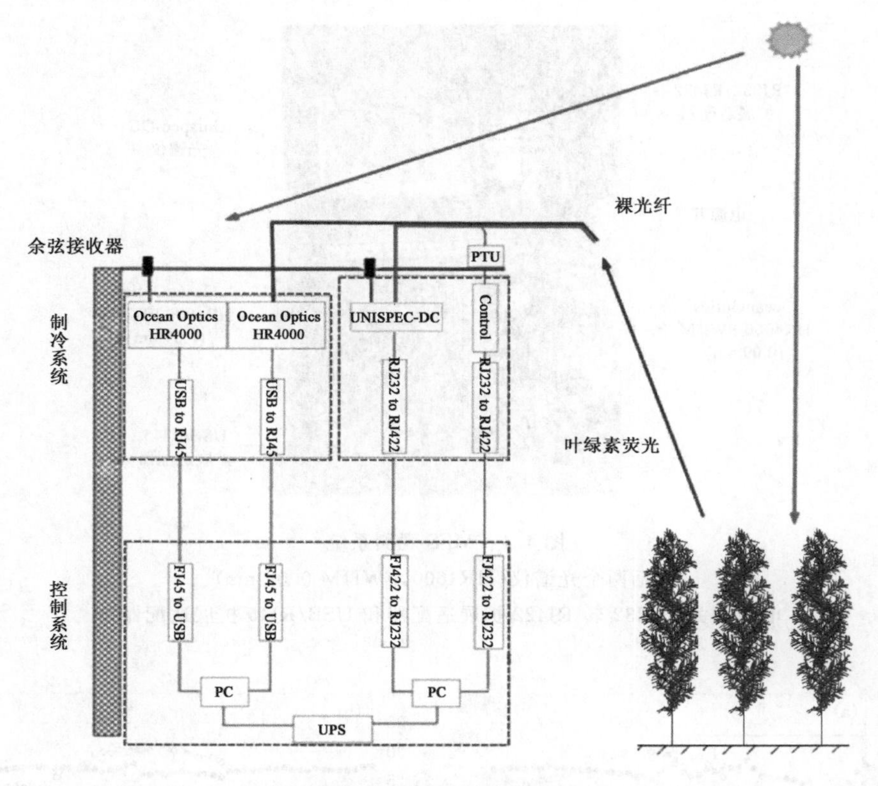

图 4.6　多角度叶绿素荧光观测系统(MFS)的框架图

表 4.1 列出了系统组成部分的大概成本。大部分成本来自于光谱仪和 PTU-46-17.5W 旋转云台。

表 4.1　荧光光谱观测设备成本(美元)

名称	提供公司	调查日期	数量	花费
PTU-46-17.5W 旋转云台	Directed Perception, 890 C Cowan Road, Burlingame, CA 94010, USA Road, Burlingame, CA 94010, USA	2019 年 9 月 21 日	1	$2,340
光谱仪	Ocean Optics Inc	2019 年 9 月 21 日	2	$14934
电脑	Lenovo Inc	2019 年 9 月 21 日	1	$685.2
恒温箱		2019 年 9 月 21 日	1	$550
外部硬盘驱动器		2019 年 9 月 21 日	1	$400
Mounts, misc		2019 年 9 月 21 日	1	$500

4.2.3　传感器定标

两个光谱仪具有很高的光谱分辨率(FWHM≈0.09 nm)，光谱波段范围分别为679～779 nm和679～777 nm。这两个光谱仪包括一个宽度为5 μm的入射狭缝，一个凹槽密度为1800 mm^{-1}的衍射光栅和3684个元素的线性CCD阵列检测器(日本东芝TCD1304AP)(表4.2)。

表4.2　两种光谱仪的性能指标

	光谱仪＃1	光谱仪＃2
生产公司	Ancal，Inc	Ancal，Inc
型号	HR4000	HR4000
描述	High-resolution USB fible optic specrtrometer	High-resolution USB fible optic specrtrometer
光栅	1800 Line holographic visible spectrum	1800 Line holographic visible spectrum
波段范围	679～779 nm	679～777 nm
选项	Toshiba TCD1304AP detector，visible spectrum	Toshiba TCD1304AP detector，visible spectrum
已安装	Window，L4 detetor	Window，L4 detetor
狭缝	5 μm	5 μm
裸光纤	600 μm，visible spectrum to near－infrared，5 m	600 μm，visible spectrum to near－infrared，5m
分辨率	0.09	0.09

通过使用光谱仪制造商(美国海洋光学公司，上海工厂)提出标准方法的基础上改进，在实验室中校准了两个光谱仪的波长和光谱。校准两个光谱仪以使其光谱和波长完全匹配(图4.7)。由光校准源(CAL-2000汞氩灯，美国海洋光学公司)在可见光和近红外(VNIR)范围(250～920 nm)内发射的谱线。光校准源(CAL-2000汞氩灯；美国海洋光学公司)在VNIR范围(250～920 nm)内发射的谱线。

白天的积分时间设置与晚上的积分时间相同(1.8 ms)。将中午的积分时间设置为700 ms，避免由于中午的高太阳辐射所导致光谱饱和。在相同条件下，在实验室中建立了不同积分时间和暗电流之间的线性关系。然后，这些线性关系用于计算积分时间为700 ms时的暗电流。

4.2.4　数据过程

Maier等(2003)提出Fraunhofer线填充方法(3FLD)，可以从原始测得的光谱数据中提取SIF信号。吸收带区域的反射率和SIF变化被认为是线性的。

$$w_{left}=\frac{\lambda_{right}-\lambda_{in}}{\lambda_{right}-\lambda_{left}}\qquad w_{right}=\frac{\lambda_{in}-\lambda_{left}}{\lambda_{right}-\lambda_{left}}\tag{4.1}$$

式中：w_{left}和w_{right}分别是吸收线左右肩上波段的权重。实际上，3FLD方法需要测量

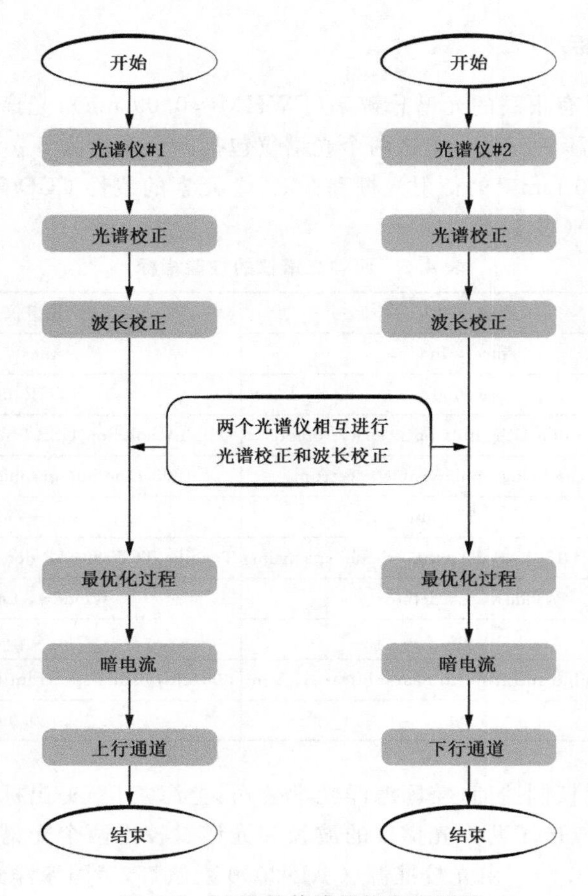

图 4.7　MFS 的传感器校准流程图

入射太阳辐照度(I)和目标辐照度(L)。然后可以将 SIF_{obs} 计算为：

$$SIF_{obs} = \frac{(I_{left} \cdot w_{left} + I_{right} \cdot w_{right})L_{in} - (L_{left} \cdot w_{left} + L_{right} \cdot w_{right}) \cdot I_{in}}{((I_{left} \cdot w_{left} + I_{right} \cdot w_{right}) - I_{in})} \tag{4.2}$$

式中：L_{left} 和 L_{right} 分别是吸收带左肩和右肩上波段的目标辐射率。L_{in} 是吸收带内波段的目标辐射率。I_{left} 和 I_{right} 分别是吸收带左肩和右肩波段的太阳辐射。I_{in} 是吸收带内波段的目标辐照度。

将两个光谱仪的原始光谱插值到 0.01 nm 分辨率。然后，将它们重新采样到 0.1 nm 的分辨率。最后利用 3FLD 方法计算 SIF 值。对于 O_2-B 波段，将 686.38 nm 作为 O_2-B 吸收线内的波段，686.98 nm 和 687.88 nm 吸收线外的波段。对于 O_2-A 波段，将 759.54 nm 作为 O_2-A 吸收线内的波段，758.00 nm 和 761.85 nm 处为吸收线外的波段。

4.3 数据分析

MFS 光谱收集辐照度光谱如图 4.8 所示。蓝线代表太阳下行辐射光谱(E_g/π)，红线代表地物的上行辐射光谱(L_s)。

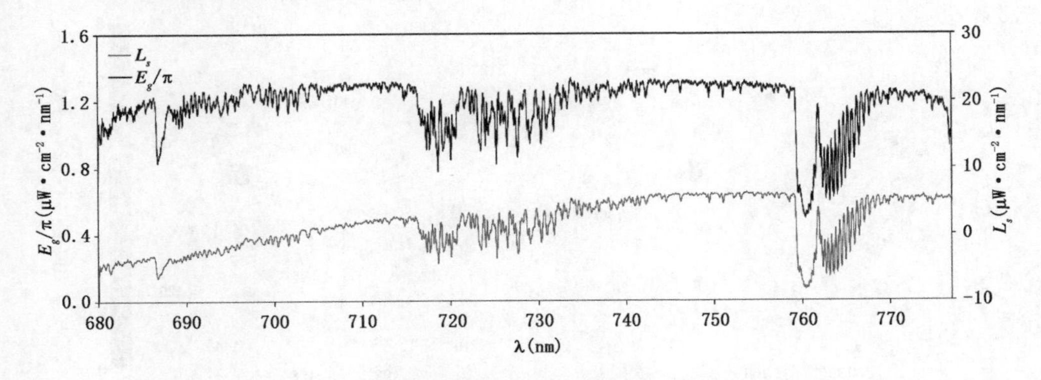

图 4.8　植被冠层上单个采集时段的光谱采集

研究发现观测到的 SIF 随视角变化很大，并且角度模式呈昼夜变化(图 4.9 和图 4.10)。热点方向上的 SIF 值高于非热点方向上的 SIF 值(图 4.9 和图 4.10)，因为在热点方向上观测到的阳叶较多。低 SIF 值出现在暗点方向附近，因为在暗点方向上观测到了更多的阴叶叶片。SIF 的最大值出现在热点方向。

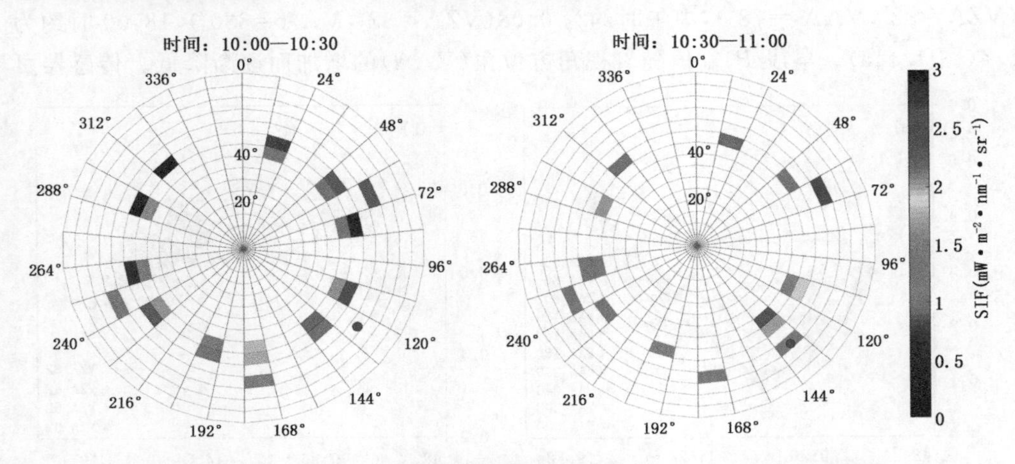

图 4.9　极坐标系(俯视图)显示的观测到的 SIF(760 nm,O_2-A)(附彩图)

极坐标系(俯视图)中观测到的 SIF(760 nm,O_2-A)。图 4.9 和图 4.10 中,红点表示半球中的太阳位置,用太阳方位角(SAA)和太阳天顶角(SZA)描述。传感器位于半球的中心。在 4 个观测天顶角(VZA=32°,42°,52°,62°)和 11 个观测方位角(VAA=30°,60°,90°,120°,150°,180°,210°,240°,300°,330°,360°)。SIF 的坐标系从观测方向旋转了 180°,以使热点位置与太阳位置重合。

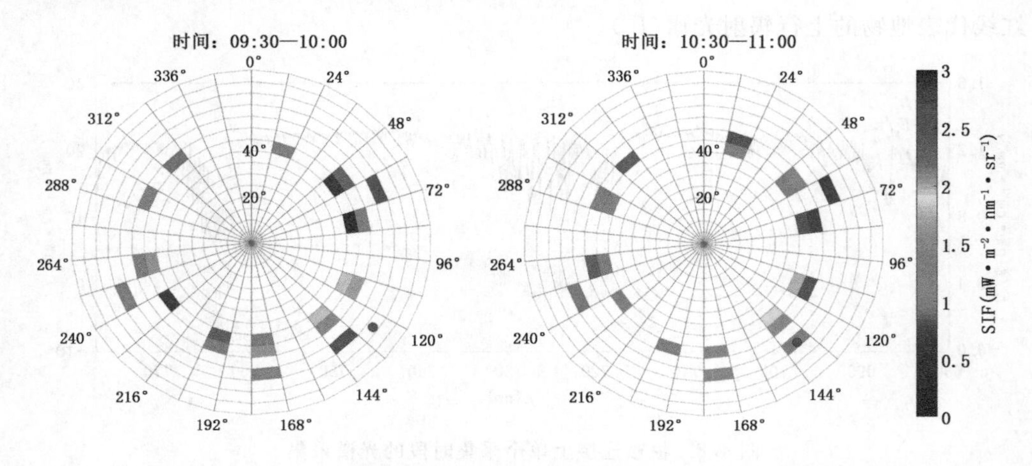

图 4.10 极坐标系(俯视图)中显示的观测到的 SIF(O_2-A)(附彩图)

在不同的观测天顶角 VZA(即 VZA=32°,42°,52°,62°)和水平方位角 VAA(即 VAA=30°,60°,90°,120°,150°,180°,210°,240°,300°,330°,360°)下,看到阳叶概率(P_{sunlit})和看到阴叶概率(P_{shaded})的日变化,如图 4.11 所示。6:00 时 P_{sunlit} 约为 0.45(VZA=32°,VAA =78°),中午时约为 0.08(VZA=32°,VAA=330°),18:00 时约为 0.4(图 4.11a)。早晨 P_{sunlit} 值随着视角方位角(VAA)的增加而逐渐降低。传感器可

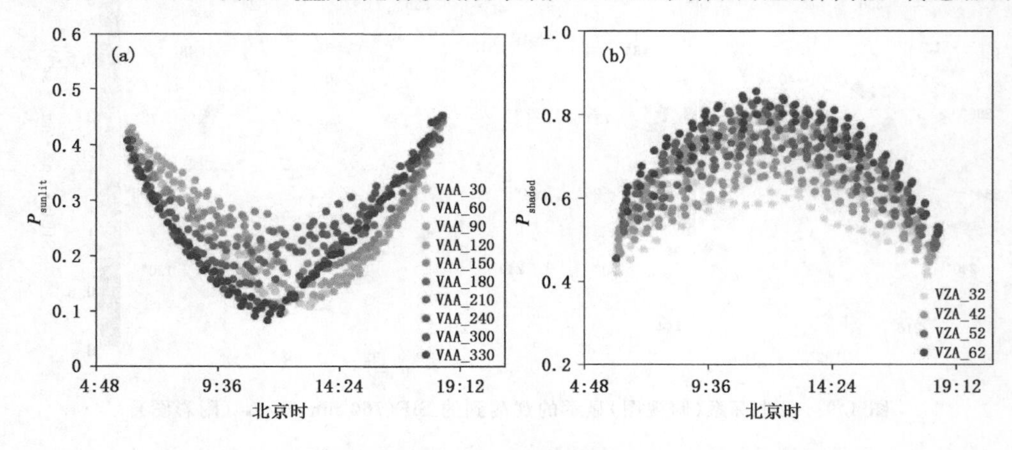

图 4.11 传感器观测(a)阳叶和(b)阴叶概率的日变化(附彩图)

以在30°,60°,90°和120°的VAA下观测更多的阳叶,因为早晨太阳的位置在东方,在下午西太阳的位置边。因此,当VAA为240°,300°和330°时,传感器可以观测到更多阳叶(图4.11a)。当VZA从62°变化到32°时,P_{shaded}的平均值逐渐降低(图4.11b)。另外,估计的P_{shaded}值在早、晚是低值(约0.41),在中午时是高值(约0.86)(图4.11b)。

半小时SIF(O_2-A)和GPP的日变化如图4.12所示。冠层总SIF与GPP正相关(图4.12)。GPP从上午7:00的0.19 gC·m^{-2}·h^{-1}增加到12:30的0.78 gC·m^{-2}·h^{-1}的最大值,在17:00逐渐降低至0.01 gC·m^{-2}·h^{-1}左右。GPP在7:00从0.19 gC·m^{-2}·h^{-1}增加,在10:00达到最高值0.77gC·m^{-2}·h^{-1}。然后在17:00降至0.03 gC·m^{-2}·h^{-1}左右。GPP从7:00的0.16 gC·m^{-2}·h^{-1}升高到上午10:30的最高值0.70 gC·m^{-2}·h^{-1},然后17:00降至0.1 gC·m^{-2}·h^{-1}左右。

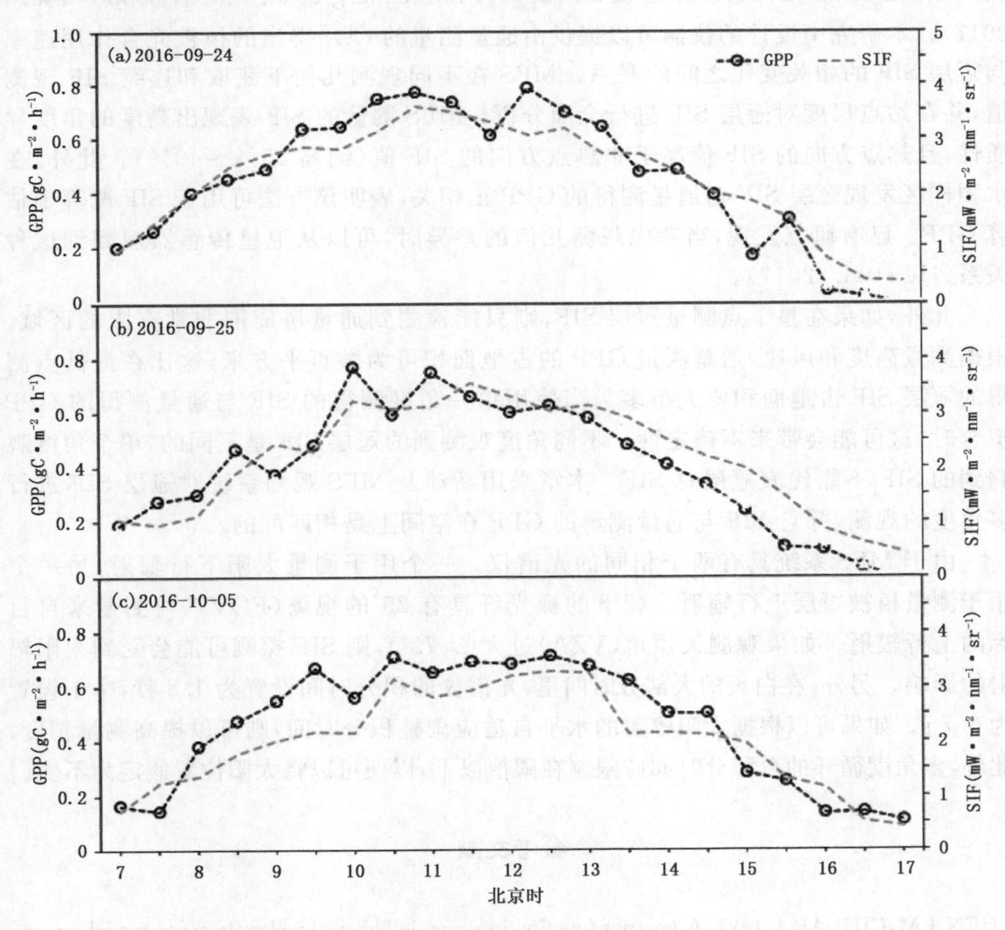

图4.12 晴天条件下冠层SIF和GPP的日间变化

4.4 小结

通量测量对于更好地了解陆地生态系统碳循环非常重要(Mohammed et al.,2019;Meroni et al.,2009;Gitelson et al.,2006;Schickling et al. 2016;Joiner et al.,2014;Rossini et al.,2015;Duveiller et al.,2016;Xia et al.,2015;Cheng et al.,2014;Yuan et al. 2007;Schaefer et al.,2012;Coppo et al.,2017;Joiner et al.,2013;Gu et al.,2002;Guan et al.,2016;Koffi et al.,2015;Parazoo et al.,2014;Rascher et al.,2015)。然而,将空间离散的通量测量上升到区域或全球尺度是一个挑战(Porcar-Castell et al.,2014;Hilker et al.,2010;Frankenberg et al.,2013;Coppo et al.,2017)。本研究中设计的仪器可以提供由通量测量的 CO_2 得出的植被光合作用用速率与冠层 SIF 的相关变化之间的联系。MFS 在不同观测几何下获取和连续 SIF 观测值,并在站点尺度对冠层 SIF 进行全面分析。MFS 测量的 SIF 表现出高度的角度异质性,且热点方向的 SIF 值高于非热点方向的 SIF 值(约高 25%~40%)。此外,在水稻样区发现冠层 SIF 与通量测得的 GPP 正相关,表明该方法可用于 SIF 测算中估算 GPP。已有研究发现,当考虑观测几何的差异时,可以从卫星传感器观测到这种关系(He et al.,2017)。

此外,如果在星下点测量冠层 SIF,则只能检测到通量塔周围非常有限的区域。根据测量高度和风速,通量测量 GPP 的占地面积可为数百平方米,这比在最低点测得的冠层 SIF 占地面积要大得多。当使用单一角度测得的 SIF 与通量测得的 GPP 拟合时,这可能会带来不确定性。不同角度观测到的冠层 SIF 是不同的,单个角度观测到的 SIF 不能代表冠层总 SIF。本章采用新涉及 MFS 观测系统对冠层 SIF 进行多角度的观测,并且 SIF 与通量测量的 GPP 在空间上是相匹配的。

由于 MFS 系统具有两个相同的光谱仪。一个用于测量太阳下行辐射,另一个用于测量植被冠层上行辐射。朝下的裸光纤具有 25°的视场(FOV),可测量来自目标的上行辐射。如果观测天顶角(VZA)过大(>72°),则 SIF 探测可能会受到太阳辐射的影响。另外,在白天的大部分时间里,光谱仪的积分时间设置为 1.8 秒,中午设置为 0.7 s。如果可以根据太阳辐射的水平自适应调整积分时间,则可以提高测量精度。此外,多角度循环的总积分时间应限制在阈值以下,以便可以将太阳位置假定为不变。

参考文献

CHEN J M,CIHLAR J,1997. A hotspot function in a simple bidirectional reflectance model for satellite applications[J]. J Geophys Res,102(22):25907-25913.

CHENG Y B,ZHANG Q Y,LYAPUSTIN A I,et al,2014. Impacts of light use efficiency and fPAR parameterization on gross primary production modeling[J]. Agricultural and Forest Meteorology,189:187-197.

CHOU S R,2018. Relating Crop Photosynthesis to Remotely Sensed Photochemical Reflectance Index and Sun-induced Chlorophyll Fluorescence [D], Nanjing University.

COGLIATI S,ROSSINI M,JULITTA T,et al,2015. Continuous and long-term measurements of reflectance and sun-induced chlorophyll fluorescence by using novel automated field spectroscopy syste ms[J]. Remote Sensing of Environment, 164:270-281.

COPPO P,TAITI A,PETTINATO L,et al,2017. Fluorescence Imaging Spectrometer (FLORIS) for ESA FLEX Mission[J]. Remote Sens, 9:1-18.

FRANKENBERG C,2011. New global observations of the terrestrial carbon cycle from GOSAT: Patterns of plant fluorescence with gross primary productivity[J]. Geophys Res Lett, 38:1-6.

FRANKENBERG C,BERRY J,GUANTER L,et al,2013. Remote sensing of terrestrial chlorophyll fluorescence from space[J]. SPIE Newsroom,19:1-4.

GITELSON A A,VINA A,VERMA S B,et al, 2006. Relationship between gross primary production and chlorophyll content in crops: Implications for the synoptic monitoring of vegetation productivity[J]. Journal of Geophysical Research,111(8):1-13.

GU L,BALDOCCHI D D,VEMA S B,et al, 2002. Superioty of diffuse radiation for terrestrial ecosystem productivity[J]. Journal of Geophysical Research,97:19061-19089.

GUAN K Y,BERRY J A,ZHANG Y G,et al,2016. Improving the monitoring of crop productivity using space-borne solar-induced fluorescence[J]. Global Change Biology, 22: 716-726.

GUANTER L,ALONSO L,GóMEZ-CHOVA L,et al, 2007. Estimation of solar--induced vegetation fluorescence from space measurements[J]. Geophys Res Lett,34(8):1-5.

GUANTER L,FRANKENBERG C,DUDHIA P E,et al,2012. Retrieval and global assessment of terrestrial chlorophyll fluorescence from GOSAT space measurements[J]. Remote Sensing of Environment,121:236-251.

GUANTER L,ZHANG Y G,JUNG M,et al,2014. Global and time-resolved monitoring of crop photosynthesis with chlorophyll fluorescence[J]. PNAS,111:1327-1333.

HE L M,CHEN J M,LIU J,et al,2019. Diverse photosynthetic capacity of global ecosyste ms mapped by satellite chlorophyll fluorescence measurements[J]. Remote Sensing of Environment, 232(2019): 1-10.

HE L,CHEN J M,LIU J,et al,2017. Angular normalization of GOME-2 Sun-induced chlorophyll fluorescence observation as a better proxy of vegetation productivity[J]. Geophysical Research Letters, 44(11):5691-5699.

HILKER T,NESIC Z,COOPS N C,et al,2010. A new, automated, multiangular radiometer instrument for tower-based observations of canopy reflectance (A MSPEC II) [J]. Instrumentation Science and Technology, 38(5): 319-340.

JOINER J,2014. The seasonal cycle of satellite chlorophyll fluorescence observations and its relationship to vegetation phenology and ecosystem atmosphere carbon exchange[J]. Remote Sensing of Environment, 152:375-391.

JOINER J,GUANTER L,LINDSTROT R,et al,2013. Global monitoring of terrestrial chlorophyll fluorescence from moderate-spectral-resolution near-infrared satellite measurements: methodology, simulations, and application to GOME-2[J]. Atmospheric Measurement Techniques, 6 (10):2803-2823.

JOINER J,YOSHIDA Y,GUANTER L,et al,2016. New methods for the retrieval of chlorophyll red fluorescence from hyperspectral satellite instruments: simulations and application to GOME-2 and SCIAMACHY[J]. Atmospheric Measurement Techniques,9(8):3939-3967.

KOFFI E N,RAYNER P J,NORTON A J,et al,2015. Investigating the usefulness of satellite-derived fluorescence data in inferring gross primary productivity within the carbon cycle data assimilation system[J]. Journal of Geophysical Research biogeosciences, 12: 4067-4084.

LIU L Y,GUAN L L,LIU X J,2017. Directly estimating diurnal changes in GPP for C3 and C4 crops using far-red sun-induced chlorophyll fluorescence[J]. Agricultural and Forest Meteorology, 232:1-9.

LIU L Y,LIU X J,WANG Z H,et al,2016. Measurement and Analysis of Bidirectional SIF Emissions in Wheat Canopies[J]. IEEE Transactions on Geoscience and Remote Sensing,54(5): 2640-2651.

MAIER S W,GüNTHER K P,STELLMES M,2003. Sun-induced fluorescence: A new tool for precision farming. Digital imaging and spectral techniques: Applications to precision agriculture and crop physiology (digitalimaginga):209-222.

MERONI M,ROSSINI M,GUANTER L,et al,2009. Remote sensing of solar-induced chlorophyll fluorescence: Review of methods and applications[J]. Remote Sensing of Environment,113 (10):2037-2051.

MOHAMMED G H,COLOMBO R,MIDDLETON E M,et al,2019. Remote sensing of solar-induced chlorophyll fluorescence (SIF) in vegetation: 50 years of progress[J]. Remote Sensing of Environment,231(2019):1-39.

PARAZOO N,BOWMAN K,FISHER J B,et al,2014. Terrestrial gross primary production inferred from satellite fluorescence and vegetation models[J]. Global Change Biology, 20: 3103-3121.

PINTO F,MULLER-LINOW M,SCHICKLING A,et al,2017. Multiangular Observation of Canopy Sun-Induced Chlorophyll Fluorescence by Combining Imaging Spectroscopy and Stereoscopy [J]. Remote Sensing,9:1-21.

PORCAR-CASTELL A,TYYSTJARVI E,ATHERTON J,et al,2014. Linking chlorophyll a fluorescence to photosynthesis for remote sensing applications: Mechanis ms and challenges[J]. Journal of Experimental Botany,65:4065-4095.

RASCHER U,ALONSO L,BURKART A,et al,2015. Sun-induced fluorescence- a new probe of photosynthesis: First maps from the imaging spectrometer HyPlant[J]. Global Change Biology, 21: 4673-4684.

ROSSINI M, NEDBAL L, GUANTER L, et al, 2015. Red and far red Sun-induced chlorophyll fluorescence as a measure of plant photosynthesis [J]. Geophysical Research Letters, 42: 1632-1639.

SCHAEFER K, 2012. A model-data comparison of gross primary productivity: Results from the North American Carbon Program site synthesis[J]. Journal of Geophysical Research-biogeosciences, 117:1-15.

SCHICKLING A, MATVEEVA M, DAMM A, et al, 2016. Combining sun-induced chlorophyll fluorescence and photochemical reflectance index improves diurnal modeling of gross primary productivity[J]. Remote Sensing, 8:1-18.

SUN Y, FRANKENBERG C, WOOD J D, et al, 2017. OCO-2 advances photosynthesis observation from space via solar-induced chlorophyll fluorescence[J]. Science, 358:6-12.

WALTHER S, VOIGT M, THUM T, et al, 2016. Satellite chlorophyll fluorescence measurements reveal large-scale decoupling of photosynthesis and greenness dynamics in boreal evergreen forests[J]. Global Change Biology, 22:2979-2996.

XIA J Y, 2015. Joint control of terrestrial gross primary productivity by plant phenology and physiology[J]. PNAS, 112(9):2788-2793.

YANG G M, CHEN Y, FU Z C, et al, 2015. Investigation of paddy soil environment quality in Jurong city[J]. Modern Agricultural Science and Technology, 16:210-216.

YANG X, TANG J W, MUSTARD J F, et al, 2015. Solar-induced chlorophyll fluorescence that correlates with canopy photosynthesis on diurnal and seasonal scales in a temperate deciduous forest[J]. Geophysical Research Letters, 42:2977-2987.

YUAN W P, 2007. Deriving a light use efficiency model from eddy covariance flux data for predicting daily gross primary production across biomes[J]. Agricultural and Forest Meteorology, 143:189-207.

ZHANG Y G, GUANTER L, JOINER J, et al, 2018. Spatially-explicit monitoring of crop photosynthetic capacity through the use of space-based chlorophyll fluorescence data[J]. Remote Sensing of Environment, 210:362-374.

ZHANG Y, XIAO X, JIN C, et al, 2016. Consistency between sun-induced chlorophyll fluorescence and gross primary production of vegetation in North America[J]. Remote Sensing of Environment, 183:154-169.

ZHOU Y L, WU X C, JU W M, et al, 2016. Global parameterization and validation of a two-leaf light use efficiency model for predicting gross primary production across FLUXNET sites[J]. Journal of Geophysical Research-biogeosciences, 127:1045-1072.

第5章 多角度遥感角度订正

5.1 引言

生态系统碳汇是全球碳循环的重要组成部分,GPP是全球碳汇的一个重要分量,它可以定义为单位时间和空间内总的光合碳吸收量(Chapin III et al.,2002)。GPP是植物自身生物学特性与外界环境条件相互作用的结果,作为陆地生态系统碳循环的重要组成部分,不仅直接反映了植被通过光合作用吸收CO_2的能力以及表征陆地生态系统的健康状况,同时也是判定生态系统碳源/汇和调节生态系统过程的重要因子,在全球碳循环研究中扮演着重要的作用(Chen et al.,2012)。

遥感信息被日益广泛应用于计算GPP,其方法可分为三大类(Damm et al.,2010):第一类方法将GPP计算为植被吸收的光合有效辐射(APAR)与光能利用率(LUE)的乘积,APAR由遥感得到的植被指数和入射的太阳辐射计算,LUE设为常数;第二类方法的形式与第一类方法相同,但LUE随气象条件等因子变化;第三类方法是利用多/高光谱遥感信息直接计算GPP。第一类和第二类模型可统称为光能利用率模型,其结果对LUE参数具有很强的敏感性(Madani et al.,2014; Potter et al.,1993),不同模型的结果差异明显(Yuan et al.,2014)。所以,利用遥感信息直接计算GPP的第三类方法目前受到广泛关注。

近年来,应用SIF遥感信息监测GPP的研究迅速开展,取得了一系列成果,其原理是植被吸收的太阳辐射可以分解为三部分,即:用于光合作用消耗的能量、重新发射的荧光和热耗散。植物发射的荧光在688 nm和740 nm附近存在两个峰值,其强度与光合速率有关(Baker,2008),这就形成了利用SIF估算冠层GPP的理论基础(Meroni et al.,2009;Maier et al.,2003)。基于地基、机载和星载数据的研究表明,在叶片尺度、植株尺度、冠层尺度,SIF与生态系统尺度的GPP相关(Damm et al.,2015; Guanter et al.,2012,2014;Liu et al.,2017;Cheng et al.,2013)。但是,观测的冠层SIF受生态系统类型、观测几何(太阳—传感器—目标角度)、冠层结构、观测的阴叶与阳叶比例等因子的影响(He et al.,2017;Pinto et al.,2017),导致SIF与GPP之间关系随生态系统类型、时间尺度和天气状况(晴天或多云)变化(Damm et al.,2015;Yang et al.,2015)。

观测几何的变化所引起的 SIF 观测值的变化对 SIF 估算 GPP 很大的不确定性(He et al.,2017)。例如,GOME-2 的传感器视场角可达 ±54°,该卫星传感器可以观测到位于热带地区附近的热点和暗点。SIF 主要来源于阳叶,而阴叶产生的 SIF 较弱(Pinto et al.,2016)。传感器的视场(FOV)中,阳叶的比例不仅随着光照和观测角度的变化而变化,还随着冠层结构和表面地形的变化而变化,这些时空变化在 SIF 观测中引入了很大的不确定性。因此,观测几何变化对 SIF 估算 GPP 的影响是当前气候变化领域亟须解决的一个重要问题。He 等(2017)利用 GOME-2 数据研究了太阳—传感器—目标角度变化对 SIF-GPP 之间关系的影响,并对卫星 SIF 数据进行了角度订正(图 5.1)。但是,由于卫星荧光数据估算 GPP 存在荧光栅格数据的空间分辨率(~108 km)和通量数据足迹(~500 m)空间不匹配、云污染、卫星传感器变化的角度较小等问题(He et al.,2017; Joiner et al.,2016;Guanter et al.,2012)。因此,在地面建立 SIF 观测系统,并结合通量观测数据可以进一步修订和验证 SIF 角度订正算法,这将有助于提高 GPP 的估算精度。

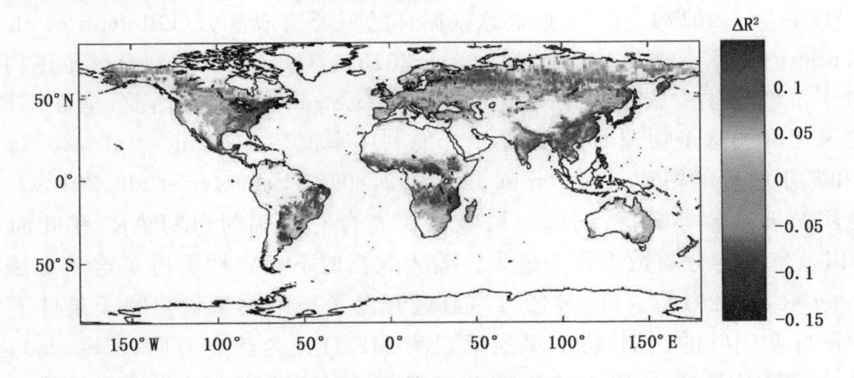

图 5.1　观测几何(太阳—传感器—目标角度)对 SIF 估算 GPP 精度的影响
(引自 He et al., 2017)

SIF 被认为是陆地上估算 GPP 最有潜力的指标(Frankenberg,2011;Guanter et al.,2014)。观测几何的变化可能会导致 SIF 观测产生不必要变化,因此,利用卫星遥感获得的 SIF 在估算 GPP 时存在很大的不确定性(He et al.,2017)。SIF 的空间分布是异质的,而 SIF 通常仅从一个角度进行测量,可能无法代表冠层平均水平。本章中在晴天对热点方向上多个角度的地面观测值 SIF 订正,并从阳叶和阴叶计算出冠层总的 SIF(SIF_{canopy})。SIF 角度订正主要目的是基于单个角度或多个角度的 SIF 测量值,来估算从冠层到半球总的 SIF,因此 SIF 角度订正是必要的。与单个或几个角度观测到 SIF 相比,冠层的光合作用速率与半球内发射的 SIF 可以更好地相关。对于相同的总 SIF 发射量,不同角度下观测到的 SIF 随太阳观测角度而变化很大。

因此，利用 SIF 用于估算光合作用时，应考虑观测几何对冠层光合速率的影响。

植被冠层通常可以分为阳叶和阴叶。阳叶接收直接和散射的太阳辐射，而阴叶仅接收散射的太阳辐射。目前为止，卫星 SIF 数据计算全球或区域 GPP 通常采用 SIF-GPP 线性模型。但是，研究发现线性模型会在 SIF 较高时在 GPP 估算中引起系统偏差(Guanter et al.，2014)。SIF-GPP 线性模型缺点是没有区分阳叶和阴叶，这可能对冠层 GPP 和 SIF 产生不同的影响。同样，阳叶和阴叶 SIF 和 GPP 的关系可能不同。研究发现 SIF 随 APAR 的增加而增加(Le et al.，2015)。阳叶 SIF 高于阴叶 SIF，因为阳叶的 APAR 高于阴片的 APAR。因此，冠层总 SIF 主要来自阳叶(Damm et al.，2010；Pinto et al.，2016)，阴叶对 GPP 的相对贡献随着 LAI 和扩散辐射量的增加而增加(Gu et al.，2002；Chen et al.，2003)，并且可以达到 60%左右(Zhang et al.，2012)。阴叶的 APAR 和 SIF 通常远低于阳叶，而阴叶的 LUE 则高于阳叶。因此，阴叶 SIF-GPP 线性关系的斜率大于阳叶的斜率。所以，有必要将冠层总 SIF 分为阳叶和阴叶 SIF，以便有效地使用 SIF 来估计冠层 GPP。

已有研究表明，SIF 中存在明显的角度变化(Meroni et al.，2009；Liu et al.，2016；He et al.，2017)。GPP 是全球碳循环的重要组成部分(Gitelson et al.，2006；Frankenberg et al.，2013；Le Quere et al.，2015)。GPP 从区域到全球范围内的时空分布对于了解气候—碳循环反馈至关重要(Xia et al.，2015)，当前，全球 GPP 的估计主要采用两种基于物理的方法：基于光能利用率模型(Cheng et al.，2014；Yuan，2007)和基于过程的模型。(Chen et al.，1999，2012；Schaefer et al.，2012)。两种方法都使用植被参数等数据，例如植被吸收的光合有效辐射(fAPAR)和叶面积指数(LAI)以及气象再分析数据作为输入。输入数据的不确定性阻碍了这些方法的准确性(Zheng et al.，2017)。He 等(2017)最近开发了一个模型量化晴天条件下传感器视野中阳叶和阴叶的比例，将卫星遥感观测 SIF 订正为热点方向($SIF_{hotspot}$)，并计算冠层总的 SIF(SIF_{canopy})，以准确估算总 GPP。在本章研究中，此模型已得到改进并被应用。通过观测不同方向的植被冠层分析在固定位置获得的 SIF 的多角度数据，本章研究基于以下假设：(1)下垫面在空间上是均匀的，因此可在冠层尺度，在不同方向上不同区域获得的测量结果视为在同一方向上从相同区域观测到的测量结果；(2) FOV 足够大，以便从每个角度观测的范围都可以代表整个树冠的平均状况。

本章研究的目标：(1)将晴天原始的 SIF 订正到热点方向，并计算阳叶和阴叶构成的冠层总 SIF；(2)研究使用角度订正的 SIF 估算 GPP。为了实现这些目标，在小麦冠层上进行了多角度 SIF 和碳通量观测。

5.2　角度订正原理与方法

本章试验在江苏省句容站(31°9′N,119°1′E)进行了实地调研(第2章)。试验区的冬小麦采用常规肥料补充灌溉栽培,生长状况均匀。冬小麦于2015年11月20日播种(DOY 324),小麦在冬季仍处于营养期,并于2016年早春恢复生长。在2016年4月15日至5月30日使用MFS系统观测冠层光谱。使用便携式叶绿素仪SPAD502测量叶片的叶绿素含量,该测量位置样地距通量塔约17 m。在SPAD值与叶绿素含量之间建立了线性转换模型,并利用该模型用于将SPAD值转换为叶片叶绿素含量($\mu g \cdot cm^{-2}$)。在叶片采样的同一天,测量叶面积指数(LAI)。使用LAI-2200(美国LI-COR公司)测量冠层LAI值。LAI-2200使用270°遮盖帽,以最大程度地减少操作人员和邻近地块的影响。LAI值是通过对作物田间测量的十二个数据点求平均值所得,即从两个A值(位于冠层上方)和十个B值(位于冠层下方)得出。聚集度指数(Ω)由TRAC II(中国南京慧明公司)按照Chen等(2005)概述的方法测量。

He等(2017)在卫星尺度开发了SIF角度订正模型,该模型在本研究中被采用并修定。该模型假设地面上方有限高度为h的水平均质树冠。设θ_s和Φ分别表示太阳的天顶角和方位角,设z表示垂直坐标,从冠层底部的原点开始向上增加,得出高度为z的阳叶叶面积(dA)(Verstraete et al.,1990),可以表示为

$$dA = \exp\left[-\frac{\tau_s(z)}{\mu_s}\right] \cdot \Lambda(z)dz = \exp\left[-\int_z^h k_s(z')\Lambda(z')dz'\right] \cdot \Lambda(z)dz \quad (5.1)$$

式中:指数项是直接太阳辐射通过z层以上的冠层的透射率;$\Lambda(z)$是在z层上的叶面积密度,以$m^2 \cdot m^{-3}$为单位;μ_s是$\cos(\theta_s)$;$\tau_s(z)$是高于水平z的冠层的光学厚度;$k_s(z')$是水平z'处直接辐射的消光系数。

$$k_s(z') = \frac{\kappa_s(z')}{\mu_s} = \frac{[\cos(\theta_s)]_{z'}}{\cos(\theta_s)} \quad (5.2)$$

式中:θ_s是太阳方向与叶片法线之间的角度;$\cos(\theta_e)$是水平z'处所有叶子的该角度余弦的平均值,该平均值通常表示为$G(\mu)$,对于球形叶片方向分布,设置为0.5。用$L\Omega/h$替换$\Lambda(z)$后,其中L和Ω分别表示叶面积指数($m^2 \cdot m^{-2}$)和树冠的结块指数,则该式可以计算为(Chen et al.,1997):

$$dA = \exp\left[-\frac{0.5}{\mu_s} \cdot \frac{L\Omega}{h} \cdot (h-z)\right] \cdot \frac{L\Omega}{h}dz \quad (5.3)$$

冠层总的阳叶叶面积指数可以计算为(He et al.,2017):

$$L_{sun} = \int_0^h \exp\left[-\frac{0.5}{\mu_s} \cdot \frac{L\Omega}{h} \cdot (h-z)\right] \cdot \frac{L\Omega}{h}dz = 2\mu_s\left[1-\exp\left(-\frac{0.5L\Omega}{\mu_s}\right)\right] \quad (5.4)$$

如果将太阳的位置替换为观测方向（θ_v 和 Φ 是观测的天顶角和方位角）（图 5.2）。总的观测到的叶面积指数（L_v）可以表示为（He et al.，2017）：

$$L_v == 2\mu_v\left[1-\exp\left(-\frac{0.5\cdot L\Omega}{\mu_v}\right)\right] \tag{5.5}$$

这里 μ_v 是 $\cos(\theta_v)$。下式 $\Gamma(\xi)$ 是一阶多次散射相函数（Chen et al.，1997）：

$$\Gamma(\xi)=1-\frac{C_p\xi}{\pi} \tag{5.6}$$

式中：C_p 是光学特性决定系数。假设叶片角度分布是球形的，并且对于这种分布，如果叶片的透射率为零，则 C_p 将为 1.0；如果叶片透射率等于叶片的反射率，则 C_p 将为 0。由于叶片的透射率通常比反射率小得多，因此假设 $C_p=0.75$。

当太阳和传感器观测角度位置相互远离时，太阳和观测方向的透射率将不相关。观测视场中可见的阳叶叶面积 $L_{\text{sun\_}v}$ 为：

$$\begin{aligned}L_{\text{sun\_}v} &= \Gamma(\xi)\cdot\int_0^h \exp\left[-\frac{0.5}{\mu_s}\cdot\frac{L\Omega}{h}\cdot(h-z)\right]\cdot\frac{L\Omega}{h}\cdot\exp\left[-\frac{0.5}{\mu_v}\cdot\frac{L\Omega}{h}\cdot(h-z)\right]\mathrm{d}z\\ &= 2\Gamma(\xi)\cdot\frac{\mu_s\mu_v}{\mu_s+\mu_v}\left\{1-\exp\left[-\left(\frac{1}{\mu_s}+\frac{1}{\mu_v}\right)\cdot\frac{L\Omega}{2}\right]\right\}\end{aligned} \tag{5.7}$$

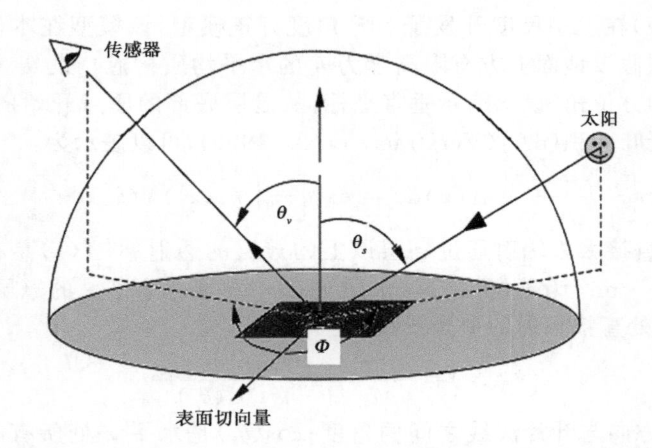

图 5.2 极坐标系下的天顶角（θ_v）、太阳天顶角（θ_s）和太阳与传感器之间的方位角之差（Φ）

当太阳和传感器观测的角度接近时，视线和光线可以穿过相同的树冠间隙，并且上述等式无法考虑这两个传输过程之间的相关性。为解决这个问题，Chen 等（1997）引入了热点函数 $F(\xi)$，定义为：

$$F(\xi)=\mathrm{e}^{-(\xi/\pi)C} \tag{5.8}$$

式中：C 是控制热点的宽度；ξ 是观测者与太阳相对于目标的夹角，定义为：

$$\cos\xi=\cos\theta_s\cos\theta_v+\sin\theta_s\sin\theta_v\cos\Phi \tag{5.9}$$

式中：Φ 是太阳与传感器观测的方位角之差（图 5.2）。热点宽度与相对于冠层高度的平均冠层间隙尺寸有关。由于冠层间隙大小存在一定范围，因此热点函数的指数形式只是一个近似值。

如果考虑热点因素，FOV 中可见的阳叶面积指数为：

$$L'_{sun\_v} = \Gamma(\xi) \cdot L_{sun\_v} + [L_{sun} - L_{sun\_v}]F(\xi) \tag{5.10}$$

在热点的外部 $F(\xi) = 0$ 处和热点的中心 $F(\xi) = 1$ 处。然后，观测的阴叶定义为：

$$L'_{sh\_v} = L_v - L'_{sun\_v} \tag{5.11}$$

为了在观测方向上订正多角度 SIF(表示为 SIF_{obs})(He et al.，2017)：

$$SIF_{obs} = SIF_{sunlit} \cdot (L'_{sun\_v} + L'_{sh\_v}/\beta + \alpha \cdot L_v) \tag{5.12}$$

式中：β 是冠层没有考虑多次散射影响阳叶叶绿素荧光和阴叶叶绿素荧光的比值；α 是多次散射因子，可以查找表(LUT)得到。值得注意的是 SIF_{687} 和 SIF_{760} 的 α 值不同。为了在观测方向上订正多角度 SIF_{687}，必须使用 SIF_{687} 的 α。同样，我们可以将 SIF_{760} 的 α 值用于在观测方向上校正多角度 SIF_{760}。ρ 是叶片的反射率，τ 是叶片的透射率；ω 是反射率和透射率的平均值。通常 $\omega/(1-\omega)$ 是叶片的多次散射因子。

$$\omega/(1-\omega) = 1 + \omega + \omega^2 + \omega^3 + \omega^4 \cdots + \omega^n$$

$$\omega = (\rho + \tau)/2 \tag{5.13}$$

LUT 具有 SIF_{740} 的 α 值。SIF_{760} 和 SIF_{740} 的 α 值之间的差异很小。因此，在式 5.14 中用于 SIF_{740} 的 α 值代替 SIF_{760} 的 α 值。

$$\alpha_{740} = \frac{\omega_{740}}{1 - \omega_{740}} \tag{5.14}$$

$$\alpha_{687} = \frac{\omega_{687}}{1 - \omega_{687}} \tag{5.15}$$

$$\alpha_{687} = \alpha_{740} \cdot \frac{\dfrac{\omega_{687}}{1-\omega_{687}}}{\dfrac{\omega_{740}}{1-\omega_{740}}} = \alpha_{760} \cdot \frac{\dfrac{\omega_{687}}{\omega_{740}}}{\dfrac{1-\omega_{687}}{1-\omega_{740}}} \tag{5.16}$$

根据测得光谱反射率和透射率数据，在生长季节 ω_{687} 其范围估计为 0.2～0.4，ω_{740} 范围为 0.8～0.9。因此，$\frac{\alpha_{687}}{\alpha_{740}}$ 估计的范围为 1/36～1/9。在本研究中，为了将现有的 α 转换为 α_{687}，将 $\frac{\alpha_{687}}{\alpha_{740}}$ 其设置为 1/9。

可以推导出热点方向 SIF 为(He et al.，2017)：

$$SIF_{hotspot} = SIF_{obs} \cdot L_{sun}/(L'_{sun\_v} + L'_{sh\_v}/\beta + L_v \cdot \alpha) \tag{5.17}$$

冠层总的 SIF_{canopy}：

$$SIF_{canopy} = SIF_{hotspot} + SIF_{sh} \cdot (L - L_{sun}) \tag{5.18}$$

除了太阳观测角度和 SIF 测量值外，还需要其他五个参数(即 L, Ω, C, α 和 β)来得出 $SIF_{hotspot}$ 和 SIF_{canopy}。本究中使用了恒定的 β 值“9”，比率“9”是在晴天时通过高分辨率的遥感图像直接估算得出(Pinto et al.,2016)。

如果不考虑多次散射 SIF 的多次散射,从冠层观测总 SIF 就等于阳叶和阴叶 SIF 的总和:P_{sunlit}是观测到阳叶的概率,P_{shaded}是观测到阴叶的概率。这样,冠层 SIF 可以定义为:

$$SIF = P_{sunlit} SIF_{sunlit} + P_{shaded} SIF_{shaded} \tag{5.19}$$

如果考虑多次散射,阳叶和阴叶的 SIF 都增加了使用阳叶 α 和阴叶 α 的百分比,这些等式可以计算如下:

$$SIF = P_{sunlit} \cdot SIF_{sunlit}(1 + \alpha_{sunlit}) + P_{shaded} \cdot SIF_{shaded}(1 + \alpha_{shaded}) \tag{5.20}$$

$$\alpha_{sunlit} = \frac{\omega(SIF_{sunlit} + SIF_{shaded})}{(1-\omega)SIF_{sunlit}} \tag{5.21}$$

$$\alpha_{shaded} = \frac{\omega(SIF_{sunlit} + SIF_{shaded})}{(1-\omega)SIF_{shaded}} \tag{5.22}$$

其中,SIF_{sunlit}和 SIF_{shaded}是使用最小二乘回归根据 30 分钟内多角度观测的 SIF 数据计算得出的。图 5.3 为 SIF 角度订正模型的框架。

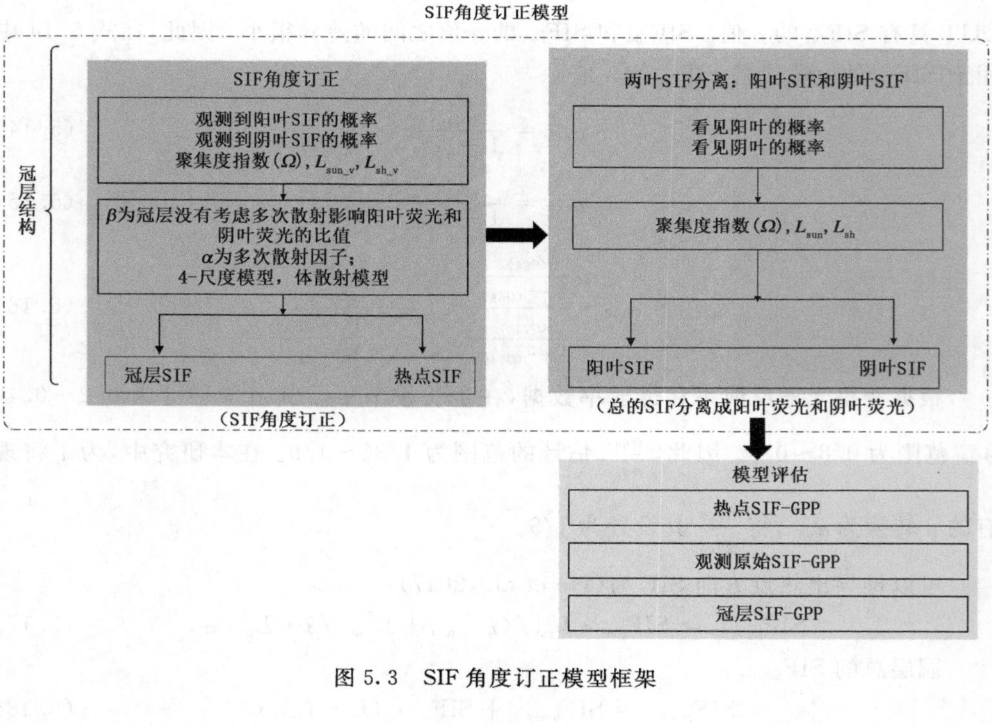

图 5.3　SIF 角度订正模型框架

5.3 多角度光谱遥感角度订正分析

5.3.1 叶面积指数和叶绿素的季节变化特征

图 5.4 显示了小麦有效 LAI(L_e)和叶绿素含量的季节性变化 DOY 71 至 144。根据 SZA 将真实的 LAI 分为阳叶 LAI(式 5.4,阳叶叶面积指数)和阴叶 LAI。同样,式(5.5)和(5.7)中需要 L_e。L_e 在达到最大值 3.5 后短时间内保持稳定,之后在生长期结束时下降(图 5.4a)。叶绿素含量与植物的光合作用高度相关,并使植物吸收光能。SIF 是从激发态转换为非激发态期间叶绿素分子重新发射的辐射(Porcar-Castell et al.,2014)。抽穗期叶片叶绿素含量达到峰值(DOY 123)。之后,在整个生长季节的末期,叶绿素含量逐渐降低(图 5.4b)。

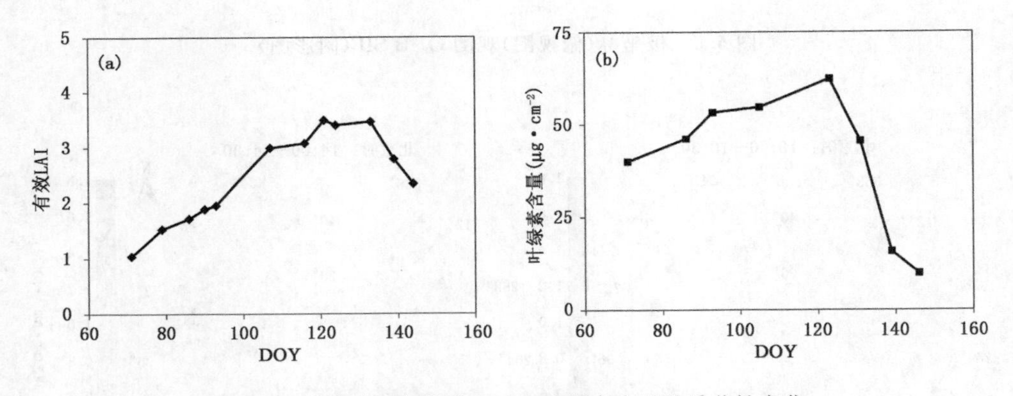

图 5.4　有效叶面积指数(L_e)和叶绿素含量的季节性变化

此外,传感器从阳叶和阴叶接收的 SIF 信号。由于阴叶比阳叶接受的辐射少得多,因此它的光保护机制不发达。对于 SIF 测量的角度订正,必须计算传感器 FOV 中阳叶和阴叶的比值。

5.3.2 荧光角度订正

SIF 坐标系从观测方向旋转 180°,使热点位置与太阳位置重合。观测 SIF(SIF_{obs})随观测角而变化很大,并且角度随时间(太阳的位置)而变化,如图 5.5 和图 5.6 所示。红点表示由 SAA 和 SZA 描述半球中的太阳位置。传感器位于半球的中心。在四个天顶角(VZA＝32°,42°,52°,62°)和 11 个方位角(VAA＝30°,60°,90°,120°,150°,180°,210°,240°,300°,330°,360°),观测日期为 2016 年 5 月 3 日最高 SIF

值应出现在热点方向上,最低 SIF 值应出现在暗点方向上。热点方向上的 SIF 值高于非热点方向上的 SIF 值(图 5.5 和图 5.6),因为在热点方向上观测到更多的阳叶,低 SIF 值出现在暗点周围(图 5.5 和图 5.6),因为在暗点方向观测到更多的阴叶。

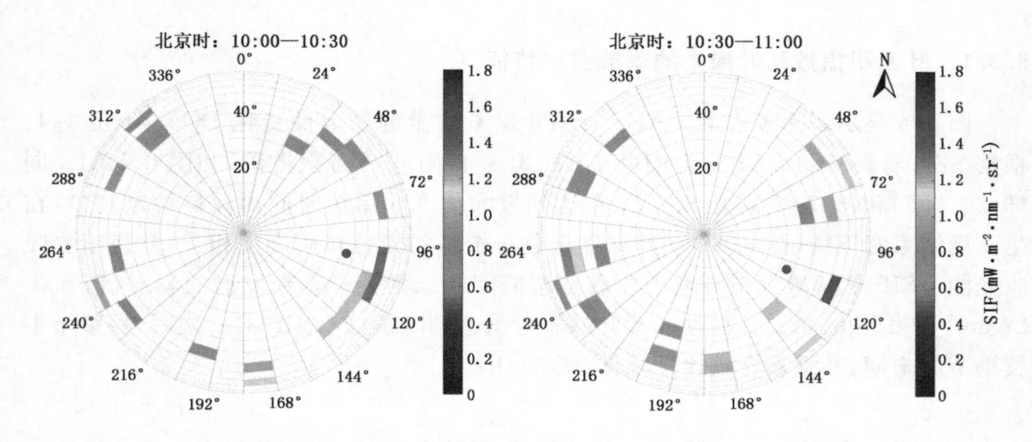

图 5.5　极坐标(俯视图)观测 O_2-B SIF(附彩图)

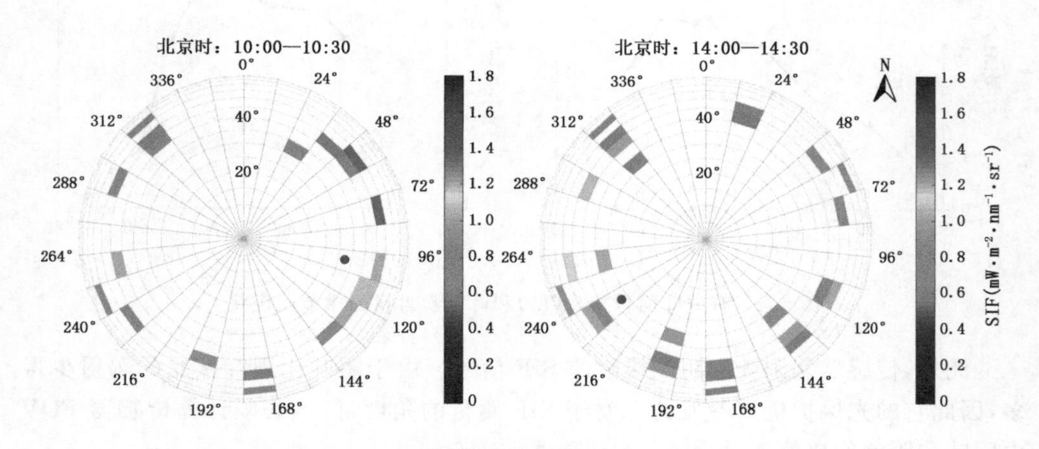

图 5.6　极坐标(俯视图)观测 O_2-A SIF(附彩图)

SIF_{687} 的最大值出现在热点方向(图 5.7),而 SIF_{760} 最大值出现在热点方向的西南。SIF_{687} 主要由 PSII 贡献,而 SIF_{760} 由 PSI 和 PSII 共同贡献。PSII 比 PSI 对叶绿体中的光合生理更敏感。另外,SIF_{760} 还受到叶片中多次散射的影响。研究发现与 SIF_{760} 相比,SIF_{687} 的角度分布与热点和暗点更匹配。在实践中,SIF_{687} 信号可以被叶子吸收,而 SIF_{760} 信号可以吸收很少。故 SIF_{760} 和 GPP 之间的关系可能好于 SIF_{687} 和 GPP。因此,在估算 GPP 方面,SIF_{760} 比 SIF_{687} 好。

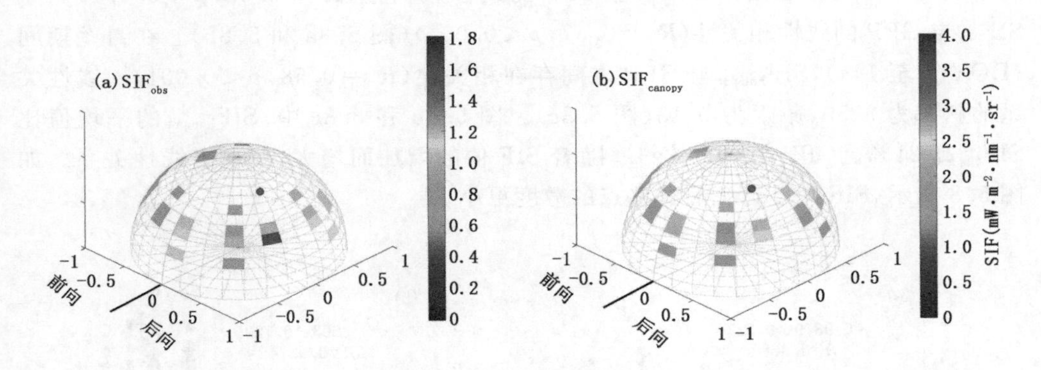

图 5.7 观测 O_2-B 波段的 SIF 和计算得出的 SIF 角度分布(2016 年 5 月 3 日 11:00—11:30)

(a)SIF_{obs} 代表观测到的 SIF;(b)SIF_{canopy} 代表根据观测到的 SIF 计算得出的冠层 SIF

红点表示由 SAA 和 SZA 描述的半球中的太阳位置,传感器位于半球的中心(附彩图)

为了通过观测不同方向的小麦冠层来分析在通量塔上获得的 SIF 的多角度测量,需要做出如下假设:(1)下垫面在空间上是匀质的,因此从冠层的不同区域在不同方向上所获得的测量结果可以看作是同一区域在不同方向上所观测到的结果;(2)视场足够大,因此每个角度的观测足迹可以代表整个冠层的平均状况。图 5.7 观测的 SIF_{obs} 和计算出的 SIF_{canopy} 的角度分布。后向散射方向上的 SIF 值比前向散射方向上的 SIF 值高,因为在后向方向上可以看到比向前方向更多的阳叶(图 5.7a),图 5.7b 所示的角度变化已减小,在理想情况下,角度订正不会残留任何角度变化,这可以使所有角度的测量结果都相同(图 5.7b)。但是图 5.7b 显示,在不同角度的角度归一化 SIF 之间存在相当大的差异,这表明无法完全满足冠层均匀性和覆盖区代表性的假设。剩余的角度变化也可能归因于传感器的低信噪比,即 300 : 1。

5.3.3 精度分析

角度订正模型应用于 O_2-B 和 O_2-A 波段的多角度 SIF 测量。将角度订正前后的 SIF 值与同一地点通量半小时的 GPP 测量值进行比较。数据分布如图 5.8 所示,对于给定的半小时 GPP 值,有多达 1629 个数据点垂直分布。这是因为假定 GPP 在半小时内不变,但在不同角度测量的 SIF 变化很大。理想的 SIF 角度订正将使垂直分布减小为一点。然而,我们的结果与这种理想情况相距甚远,即在角度订正后,图 5.8b 和 5.8c 所示的分布在垂直方向上仍然很大,尽管它们已经减少了很多。除了角度订正模型的误差外,冠层的异质性和各角度测量值的代表性可能是垂直轴上仍然存在较大变异性的主要原因。传感器的低信噪比(HR4000)和 GPP 在半小时内的可变性也可解释这些可变性。

从图 5.8 可以看出，SIF_{canopy}与 GPP 的线性相关性（$R^2=0.53,p<0.001$）高于SIF_{obs}与 GPP 的线性相关性（$R^2=0.37,p<0.001$）（图 5.8a 和 5.8b）。在封垄期间（DOY71 至 144），$SIF_{hotspot}$与 GPP 之间存在相关性（$R^2=0.58,p<0.001$）。线性关系的斜率为 3.50，截距为 0.13（图 5.8c）。图 5.8b 和 5.8c 中，$SIF_{hotspot}$的平均值比SIF_{obs}高 21%。GPP 与 SIF 的斜率随着 SIF 值的增加而增大，呈现出线性关系。如图 5.8 所示，SIF 角度订正后这些点的散度更小。

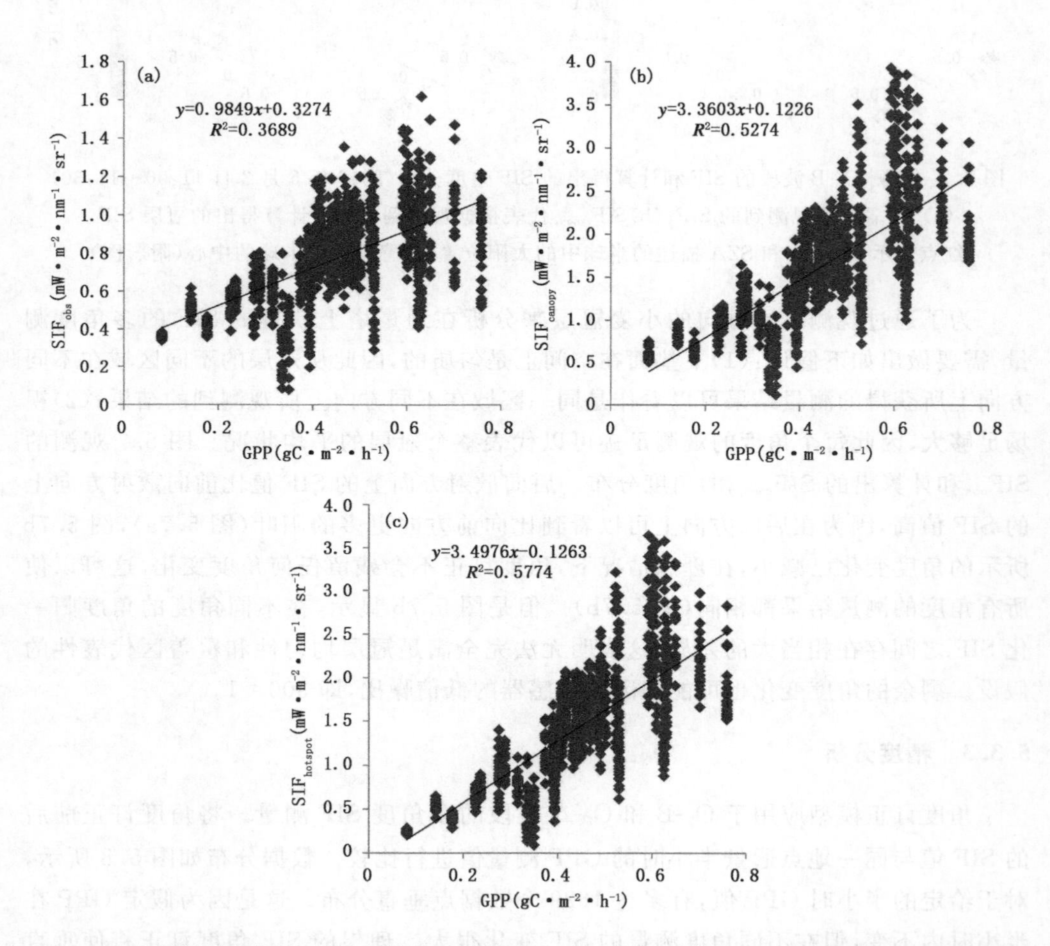

图 5.8　在冠层封垄期间，晴天条件下观测到的 O_2-B 波段冠层荧光与通量测得的冠层 GPP 的相关性（$SIF_{hotspot}$表示从热点方向观测的 SIF，SIF_{canopy}表示冠层总的 SIF，SIF_{obs}代表观测的 SIF）

封垄期间（DOY 71 至 144），$SIF_{hotspot}$与 GPP 之间具有相关性（$R^2=0.44,p<0.001$）。线性关系的斜率为 1.65，截距为 0.14（图 5.9a）。SIF_{canopy}和 GPP 之间的相关性（$R^2=0.66,p<0.001$）高于SIF_{obs}和 GPP 之间的相关性（$R^2=0.44,p<0.001$）

(图5.9b)。在冠层封垄期间(DOY 71至144),在$SIF_{hotspot}$和GPP之间的相关性($R^2=0.67$,$p<0.001$)。线性关系的斜率为8.34,截距为0.092(图5.9c)。

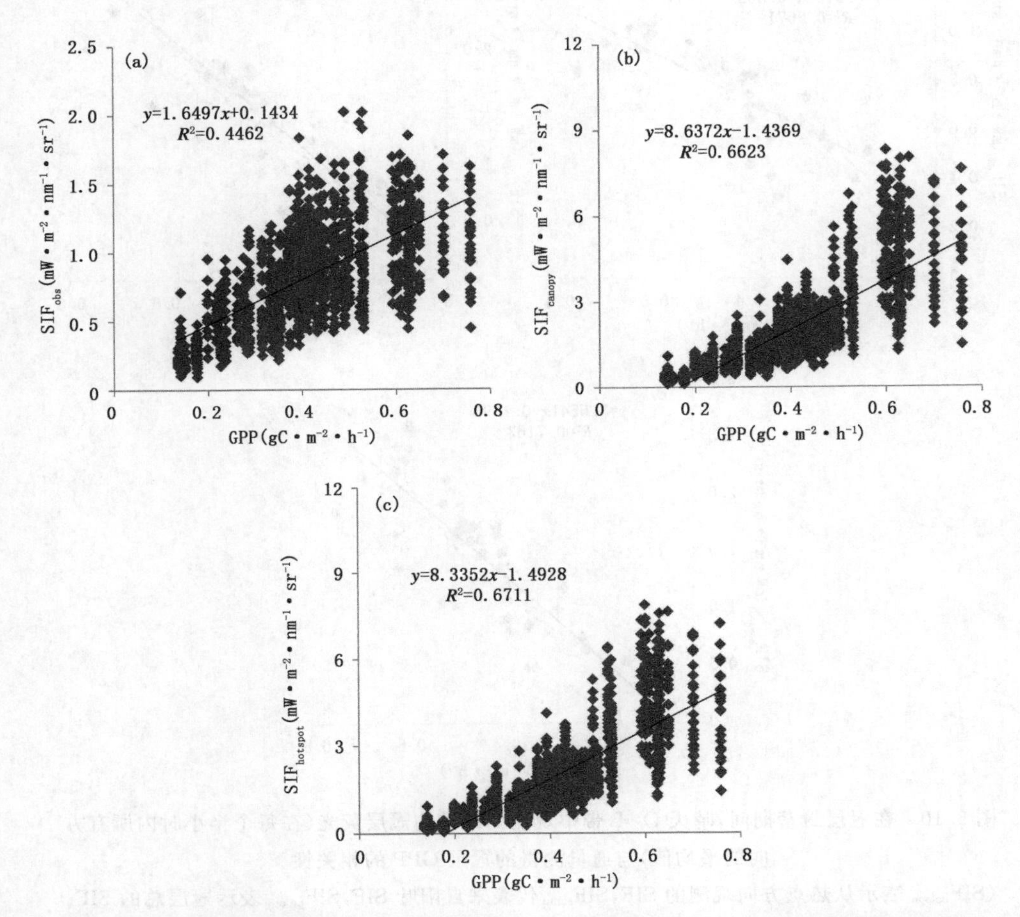

图5.9 在冠层封垄期间,晴天观测到的O_2-A波段冠层荧光与通量测量的冠层GPP的相关性($SIF_{hotspot}$表示从热点方向观测的SIF,SIF_{sunlit}代表来自阳叶的SIF,SIF_{canopy}表示冠层总的SIF,SIF_{obs}代表观测的SIF)

图5.10显示SIF_{canopy}和GPP之间的线性相关性($R^2=0.69$,$p<0.001$)高于SIF_{obs}和GPP之间的相关性($R^2=0.57$,$p<0.001$)(图5.10a和5.10b)。在冠层封垄期间(DOY 71至144)($R^2=0.72$,$p<0.001$),发现$SIF_{hotspot}$与GPP之间存在显著相关性(图5.10c)。$SIF_{hotspot}$的平均值比图5.10b和5.10c中的SIF_{obs}高14%,并且GPP和SIF之间的斜率随SIF值的增加而增加,显示出非线性关系。

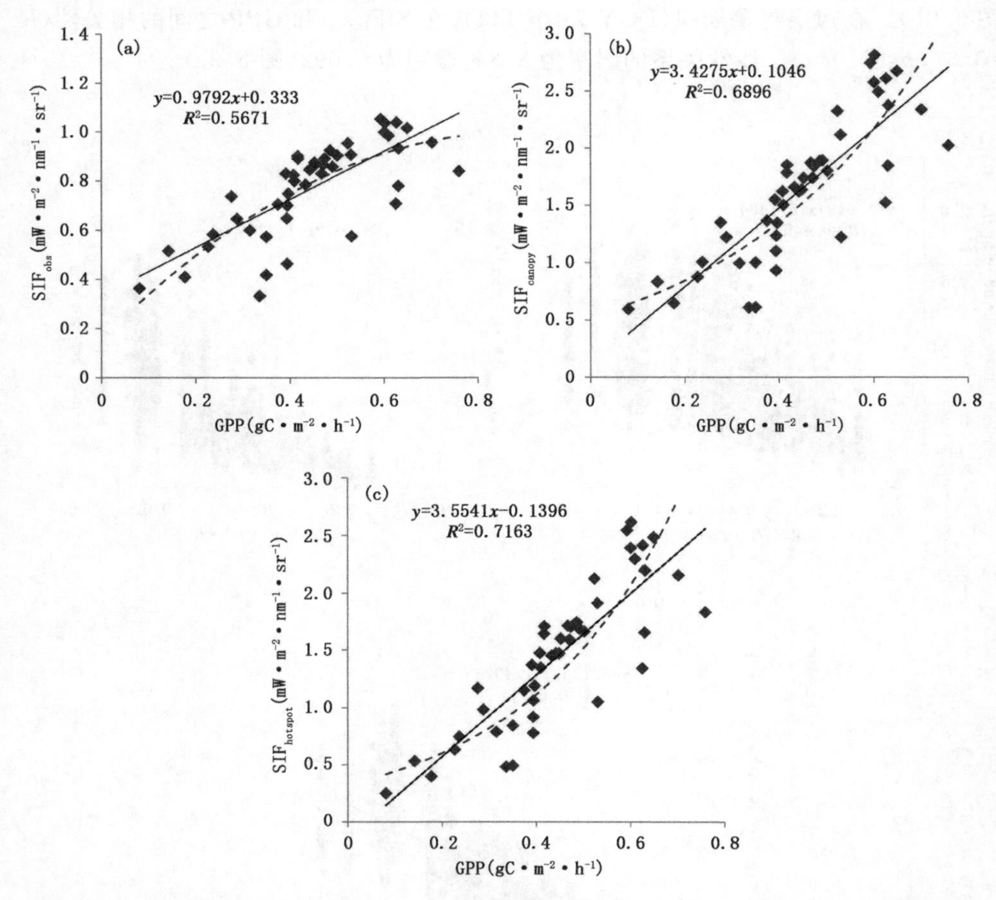

图 5.10　在冠层封垄期间，晴天 O_2-B 带中观测到的平均冠层荧光（在每个半小时内所有方向的平均值）与通量测得的冠层 GPP 的相关性

（$SIF_{hotspot}$表示从热点方向观测的 SIF，SIF_{sunlit}代表来自阳叶 SIF，SIF_{canopy}表示冠层总的 SIF。SIF_{obs}代表观测的 SIF。虚线表示在 SIF 角度订正之后，SIF 随 GPP 的变化趋势）

在 O_2-A 波段，图 5.11 显示 SIF_{canopy} 与 GPP 之间的相关性（$R^2=0.83$，$p<0.001$）高于 SIF_{obs} 和 GPP（$R^2=0.77$，$p<0.001$）（图 5.11a 和 5.11b）。在冠层封垄期间，$SIF_{hotspot}$（每个半小时内所有方向的平均值）与 GPP 之间的相关性（$R^2=0.83$，$p<0.001$）（图 5.11c）。$SIF_{hotspot}$ 的平均值比图 5.11b 和 5.11c 中的 SIF_{obs} 高 5%。类似于 O_2-B 波段的结果，GPP 和 SIF 之间的关系也是非线性的。由于 O_2-A 波段具有更强的多次散射，O_2-A 波段的非线性比 O_2-B 波段的非线性更明显。

虚线显示了 SIF 随着 GPP 的变化趋势（图 5.11）。在角度订正之后，SIF 和 GPP 之间的关系也是非线性的。观测到的 SIF 包括多次散射的部分。O_2-A 波段

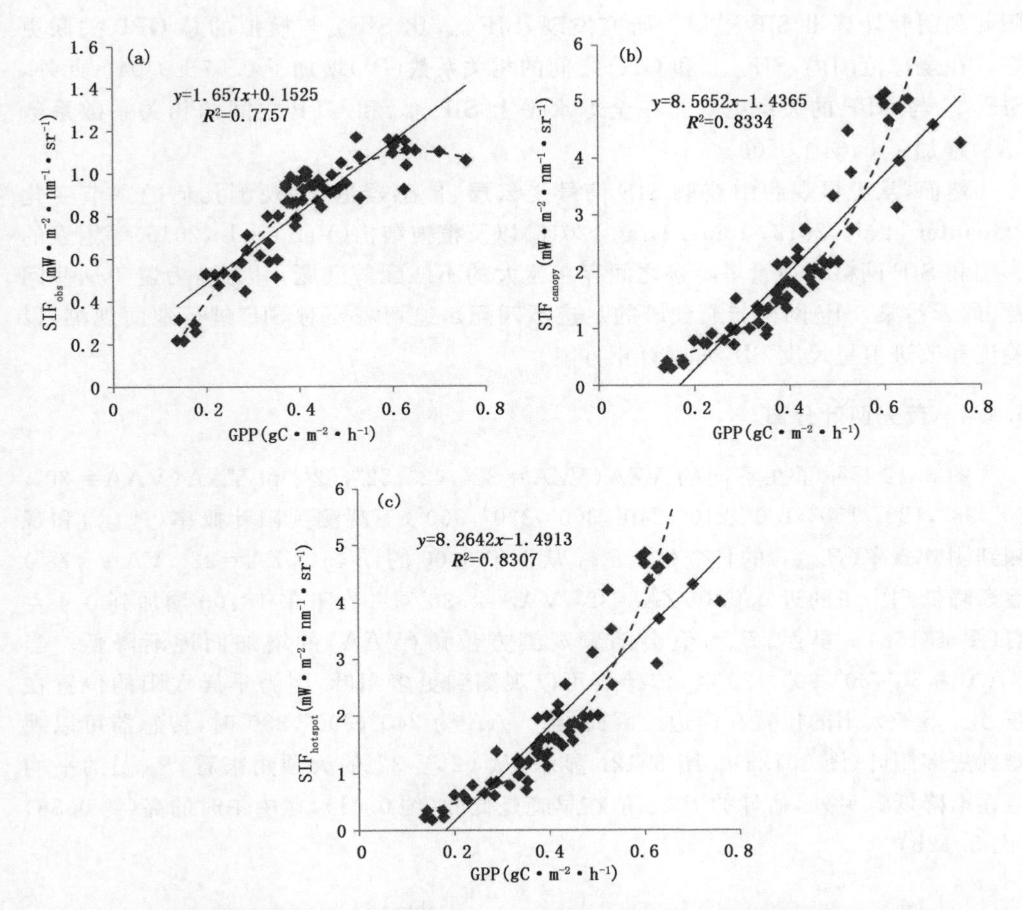

图 5.11　在冠层封垄期间，晴天条件下在 O_2-A 波段观测到的平均冠层荧光（在每个半小时内所有方向的平均值）与通量测得冠层 GPP 的相关性（$SIF_{hotspot}$ 表示从热点方向观测的 SIF，SIF_{sunlit} 代表来自阳叶 SIF，SIF_{canopy} 表示冠层总的 SIF。SIF_{obs} 代表观测的 SIF。虚线表示在 SIF 角度订正之后，SIF 随 GPP 的变化趋势）

SIF 的多重散射强于 O_2-B 波段（Porcar-Castell et al.，2014）。发现在 O_2-A 波段（图 5.11）的非线性比在 O_2-B 波段（图 5.10）更明显。因此，假设 GPP 与 SIF 相关性的非线性变化是由 SIF 多次散射引起的，今后还需要进一步研究。

总而言之，研究表明与观测到的多角度 SIF_{obs} 的平均值相比，SIF_{canopy} 和 $SIF_{hotspot}$ 是更好的估算 GPP 的指标。在对 SIF_{687} 和 SIF_{760} 进行角度订正之后，相关系数（R^2）分别增加了 0.12±0.03 和 0.21±0.01。我们还发现，SIF 随角度变化很明显，仅从单个角度测量的 SIF 不能代表冠层的平均值。

He 等（2017）在全球尺度将远红光的 GOME-2 SIF 观测值订正为 $SIF_{hotspot}$，并从阳叶和阴叶计算出 SIF 冠层。研究发现，SIF_{canopy} 比 SIF_{obs} 与模拟的总 GPP 关联更好。在全球范围内，SIF_{canopy} 和 GPP 之间的相关系数(R^2)增加了 0.07±0.04。此外，$SIF_{hotspot}$ 与 GPP 的关系更好。在全球水平上 $SIF_{hotspot}$ 和 GPP 之间的相关系数系数(R^2)增加了 0.04±0.03。

然而，从卫星观测中获取 SIF 信号受云层、传感器退化，观测几何的季节变化(Guanter et al.，2012；Joiner et al.，2016)以及植被结构(Van et al.，2015)等因素的影响和 SIF 网格和通量塔足迹之间存在巨大的不匹配等问题。因此，为避免这些问题(即云污染，SIF 网格与通量塔的足迹不匹配)，迫切需要对 SIF 进行地面观测，以验证和改进卫星尺度 SIF 角度订正方案。

5.3.4 荧光两叶分离

图 5.12 显示了在不同的 VZA(VZA＝32°，42°，52°，62°)和 VAA(VAA＝30°，60°，90°，120°，150°，180°，210°，240°，300°，330°，360°)下观测到阳叶概率(P_{sunlit})和观测到阴叶概率(P_{shaded})的日变化。P_{sunlit} 从上午 6:00 的 0.45(VZA＝32°，VAA＝78°)逐渐降低到中午的近 0.08(VZA＝32°，VAA＝330°)，并在下午 18:00 增加到 0.4 左右(图 4.16a)。早晨，P_{sunlit} 值会随着观测方位角(VAA)的增加而逐渐降低。当 VAA 为 30°，60°，90°，120°时，传感器可以观测到更多阳叶，因为早晨太阳的位置在东方。下午太阳的位置在西边。因此，当 VAA 为 240°，300°，330°时，传感器可以观测到更多阳叶(图 5.12a)。图 5.12b 显示，从 62°至 32°的天顶角来看，P_{shaded} 的平均值逐渐降低。另外，估计的 P_{shaded} 值在早晚是低的(约 0.41)，在中午时的高(约 0.86)(图 5.12b)。

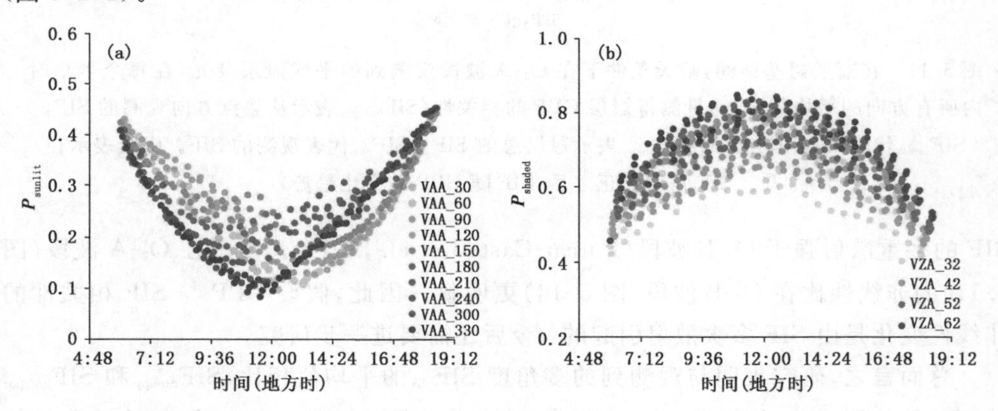

图 5.12 阳叶概率 P_{sunlit}(a)及阴叶概率 P_{shaded}(b)的日变化

4 个观测天顶角(VZA＝32°，42°，52°，62°)和 11 个水平方位角(VAA＝30°，60°，90°，120°，150°，180°，210°，240°，300°，330°，360°)(附彩图)

图 5.13 显示了在三个晴天，半小时阳叶 SIF 和阴叶 SIF 与通量测量的 GPP 的比较。阳叶的 SIF 和 GPP 之间的线性相关性（$R^2 = 0.61 \sim 0.71$，$p < 0.001$）高于阴叶 SIF 和 GPP 之间的线性相关性（$R^2 = 0.11 \sim 0.47$，$p < 0.001$）。阳叶 SIF 线性关系的斜率为 3.87～4.94，截距为－0.36～－0.04，阴叶 SIF 线性关系的斜率为 0.53～1.79，截距为－0.008～0.14。GPP 和阳叶 SIF 之间的关系也显示轻微非线性，这与图 5.10 和 5.11 中的非线性一致。

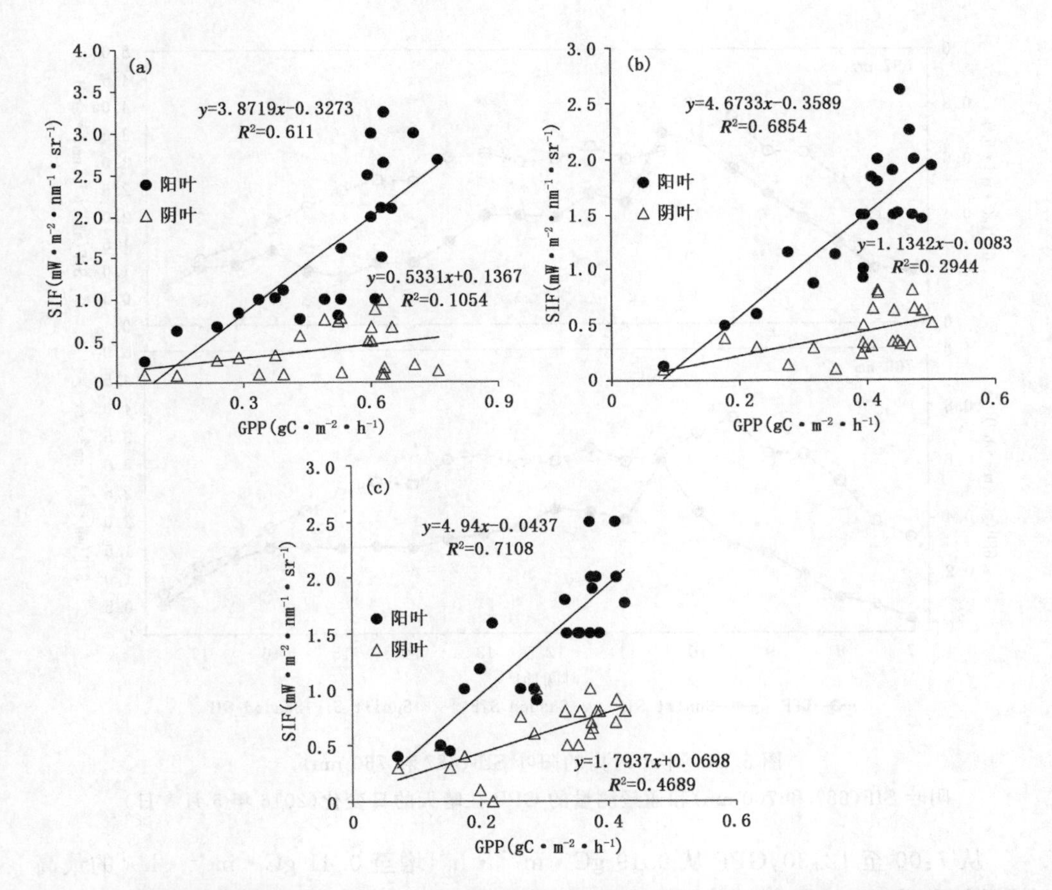

图 5.13　在晴天将冠层 O_2-B 波段 SIF 分为的阳叶和阴叶 SIF。阴阳叶 SIF 与通量设备测得的 GPP 之间的关系（观测日期为 2016 年 5 月 3 日(a)，2016 年 5 月 11 日(b)和 2016 年 5 月 17 日(c)）

如图 5.14 和图 5.15，图中显示了半小时的 O_2-A SIF(760 nm)，O_2-B SIF(687 nm)和通量观测的 GPP 的日变化。从 7:00 到 19:00 GPP 从 0.33 gC·m^{-2}·h^{-1} 增至 0.76 gC·m^{-2}·h^{-1} 的最高值。然后，在 17:30 逐渐降低至约 0.14 gC·m^{-2}·h^{-1}。从 7:00 至 10:30 SIF(687 nm)从 0.94 mW·m^{-2}·nm^{-1}·sr^{-1} 增加到 3.49 mW·

$m^{-2}\cdot nm^{-1}\cdot sr^{-1}$的最高值。然后，在17:30逐渐降低到0.69 $mW\cdot m^{-2}\cdot nm^{-1}\cdot sr^{-1}$。阴叶SIF值在687 nm处小于0.2 $mW\cdot m^{-2}\cdot nm^{-1}\cdot sr^{-1}$（图5.14）。从7:00至10:30，阳叶的SIF(760 nm)从0.25 $mW\cdot m^{-2}\cdot nm^{-1}\cdot sr^{-1}$(7:00)增加到最高值2.19 $mW\cdot m^{-2}\cdot nm^{-1}\cdot sr^{-1}$。然后，在17:30逐渐降低至约0.04 $mW\cdot m^{-2}\cdot nm^{-1}\cdot sr^{-1}$。阴叶SIF值在760 nm处小于0.5 $mW\cdot m^{-2}\cdot nm^{-1}\cdot sr^{-1}$(图5.15)。

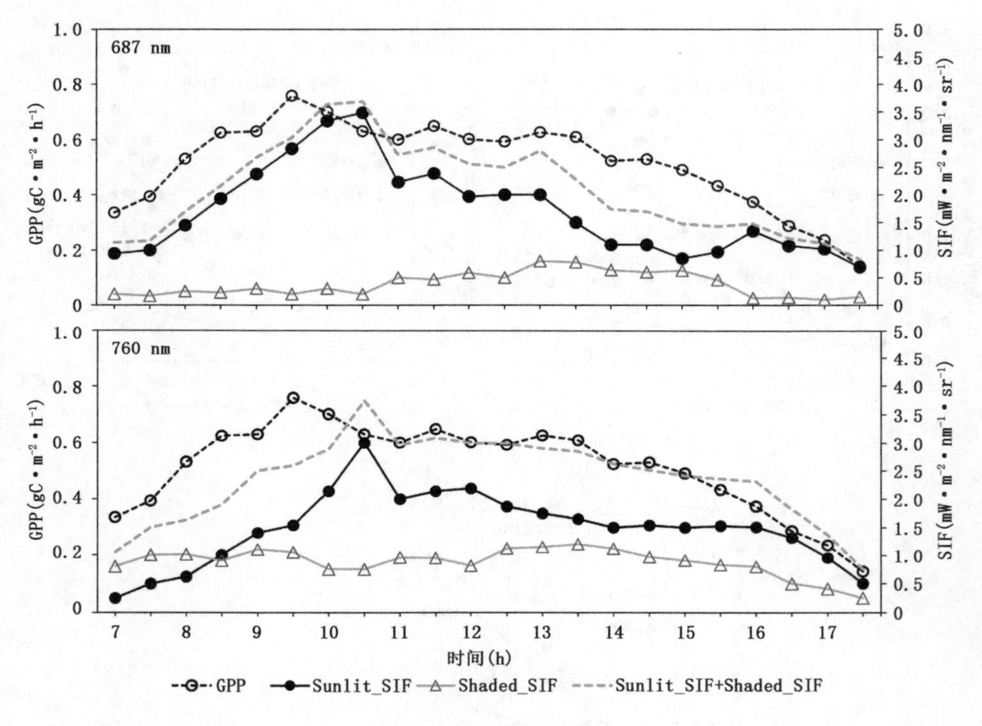

图5.14 半小时内的阳叶SIF(687和760 nm)，
阴叶SIF(687和760 nm)和通量测量的GPP在晴天的日变化(2016年5月3日)

从7:00至12:30，GPP从0.19 $gC\cdot m^{-2}\cdot h^{-1}$增至0.41 $gC\cdot m^{-2}\cdot h^{-1}$的最高值。然后，在18:00逐渐降低至约0.06 $gC\cdot m^{-2}\cdot h^{-1}$。从7:00至12:00，SIF(687 nm)从0.18 $mW\cdot m^{-2}\cdot nm^{-1}\cdot sr^{-1}$增加到最高值2.50 $mW\cdot m^{-2}\cdot nm^{-1}\cdot sr^{-1}$。然后，在17:30逐渐降低到0.45 $mW\cdot m^{-2}\cdot nm^{-1}\cdot sr^{-1}$。阴叶SIF值在687 nm处小于0.8 $mW\cdot m^{-2}\cdot nm^{-1}\cdot sr^{-1}$(图5.15)。从7:00至12:00，阳叶SIF(760 nm)从0.09 $mW\cdot m^{-2}\cdot nm^{-1}\cdot sr^{-1}$增加到1.72 $mW\cdot m^{-2}\cdot nm^{-1}\cdot sr^{-1}$的最高值。然后，它在17:30逐渐降低到0.25 $mW\cdot m^{-2}\cdot nm^{-1}\cdot sr^{-1}$。阴影叶片组的SIF值在760 nm处小于1.0 $mW\cdot m^{-2}\cdot nm^{-1}\cdot sr^{-1}$(图5.15)。

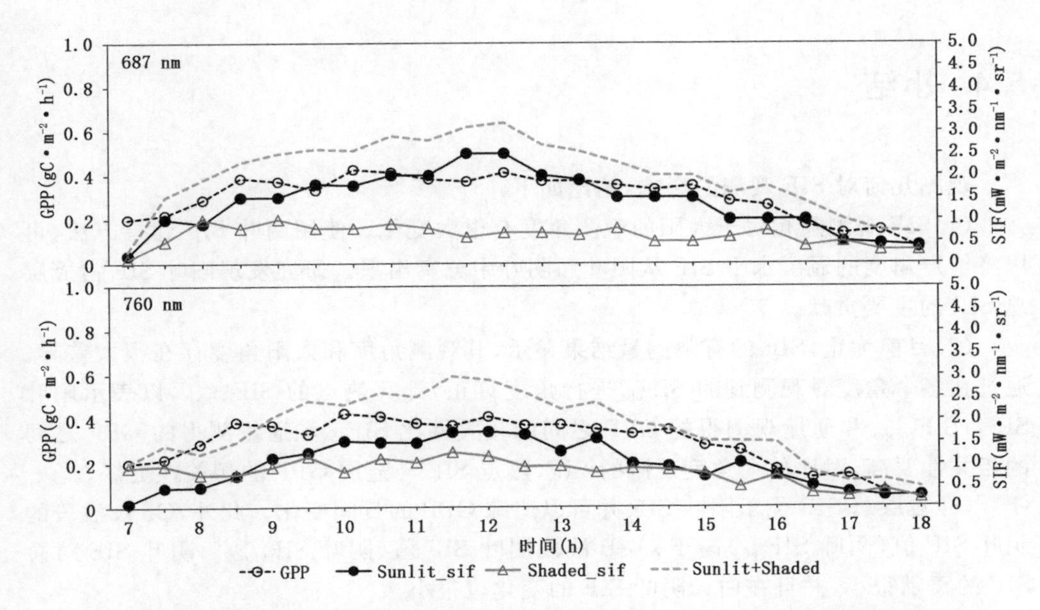

图 5.15　半小时阳叶 SIF(687 和 760 nm),阴叶 SIF(687 和 760 nm)和 GPP 在晴天的日变化(2016 年 5 月 17 日)

总而言之,(1)当早上 GPP 高时,总 SIF(阳叶 SIF 和阴叶 SIF 之和)高。SIF 比 GPP 晚约一小时达到最大值。除了由于信噪比(300∶1)有限而导致的 SIF 测量不确定性之外,这种滞后还可能与叶绿素荧光对清晨增加的光强度的响应较慢有关。据报道类似的观测结果(Cheng et al.,2014),这种与 GPP 关联的 SIF 昼夜模式可能值得在未来的研究中进一步关注。(2)冠层总 SIF 与通量测得的 GPP 的相关性强于阳叶 SIF。日照 SIF 的日变化与总 SIF 和 GPP 的日变化相似。阴叶 SIF 的日变化与总 SIF 和 GPP 的日变化显著不同。阳叶 SIF 在早晨逐渐增加,并在上午 10:30 达到最高值,之后阳叶 SIF 从 10:30 降低至 15:00。10:30 到 15:00 之间的阴叶 SIF(687 nm)高于上午 10:30 之前的阴叶(图 5.15)。12:00 至 18:00 之间,阳叶 SIF 下降。在 9:00 到 15:00 之间的阴叶 SIF(687 nm)高于在 15:30 之后的阴叶(图 5.14)。这些不同的昼夜模式表明环境条件(例如辐射,温度和湿度)对日光照射和阴影遮盖的相对影响可能不同。似乎总的 SIF 与阳叶和阴叶部分的总和相比,比单独的阳叶或阴叶部分更好地追踪 GPP 的日变化。(3)全天阴叶 SIF 值很小,SIF_{687} 和 SIF_{760} 的 SIF 阴叶值分别为 0.1 和 0.2 $mW \cdot m^{-2} \cdot nm^{-1} \cdot sr^{-1}$,(图 5.15),表明冠层总 SIF 主要来自阳叶。阳叶 SIF 远高于阴叶,因为阳叶 APAR 远高于阴叶。

5.4 小结

观测几何对 SIF 观测的影响,结论如下:

(1)SIF 观测随相对于太阳的观测角度有很大变化。使用两叶 SIF 建模方法,可以将给定角度的冠层水平 SIF 从阳叶和阴叶中分离出来。研究发现阳叶 SIF 占冠层总 SIF 的主要贡献。

(2)目前为止,SIF 的有限测量结果显示,其观测角度和太阳角度存在很大差异。通过在多个角度对观测到的 SIF_{obs} 进行角度订正,计算热点的 $SIF_{hotspot}$,以表示阳叶 SIF。$SIF_{hotspot}$ 和通量观测得的 GPP 之间的相关性比 SIF_{obs} 和通量测得的 GPP 之间的相关性要高,对比单个角度观测的 SIF,热点 SIF 与冠层 GPP 的相关性更好。

(3)冠层总 SIF 优于阳叶 SIF 并可以追踪 GPP 的日间变化。此外,O_2-A 波段的阴叶 SIF 值(阴叶 SIF_{760})高于 O_2-B 波段阴叶 SIF 值(阴叶 SIF_{687})。阴叶 SIF 对总 SIF 的贡献很小,并且在白天阴叶 SIF 的变化也很小。

参考文献

BAKER N R, 2008. Chlorophyll fluorescence: A probe of photosynthesis in vivo[J]. Annual review of plant bilology, 59(1): 89-113.

CHAPIN III F S, PAMELA A M, HAROLD A M, et al, 2002. Principles of terrestrial ecosystem ecology[M]. Springer Verlag.

CHEN J M, LIU J, LEBLANC S C, et al, 2003. Multi-angular optical remote sensing for assessing vegetaion structure and carbon absorption[J]. Remote Sensing of Environment, 84: 516-525.

CHEN J M, CIHLAR J, 1997. A hotspot function in a simple bidirectional reflectance model for satellite applications[J]. Journal of Geophysical Research, 102(22): 25907-25913.

CHEN J M, LEBLANC S G, 1997. A four-scale bidirectional reflectance model based on canopy architecture[J]. IEEE Transactions on Geoscience and Remote Sensing, 35(5): 1316-1337.

CHEN J M, LIU J, CIHLAR J, et al, 1999. Daily canopy photosynthesis model through temporal and spatial scaling for remote sensing applications[J]. Ecological Modelling, 124(2-3): 99-119.

CHEN J M, MO G, PISEK J, et al, 2012. Effects of foliage clumping on the estimation of global terrestrial gross primary productivity[J]. Global Biogeochemical Cycles, 26: 1-18.

CHENG Y B, MIDDLETON E M, ZHANG Q Y, et al, 2013. Integrating solar induced fluorescence and the photochemical reflectance index for estimating gross primary production in a cornfield [J]. Remote Sensing, 5(12): 6857-6879.

CHENG Y B, ZHANG Q Y, LYAPUSTIN A I, et al, 2014. Impacts of light use efficiency and fPAR parameterization on gross primary production modeling[J]. Agricultural and Forest Meteorology, 189:187-197.

DAMM A, GUANTER L, PAUL-LIMOGES E, et al, 2015. Far-red sun-induced chlorophyll fluorescence shows ecosystem-specific relationships to gross primary production: An assessment based on observational and modeling approaches[J]. Remote Sensing of Environment, 166:91-105.

DAMM A, ELBERS J, ERLER A, et al, 2010. Remote sensing of sun-induced fluorescence to improve modeling of diurnal courses of gross primary production (GPP) [J]. Global Change Biology, 16:171-186.

FRANKENBERG C, 2011. New global observations of the terrestrial carbon cycle from GOSAT: Patterns of plant fluorescence with gross primary productivity[J]. Geophysical Research Letters, 38:1-6.

FRANKENBERG C, BERRY J, GUANTER L, et al, 2013. Remote sensing of terrestrial chlorophyll fluorescence from space[J]. SPIE Newsroom, 19:1-4.

GITELSON A A, VINA A, VERMA S B, et al, 2006. Relationship between gross primary production and chlorophyll content in crops: Implications for the synoptic monitoring of vegetation productivity[J]. Journal of Geophysical Research-Oceans, 111(8):1-13.

GU L, BALDOCCHI D D, VEMA S B, et al, 2002. Advantages of diffuse radiation for terrestrial ecosystem productivity[J]. Journal of Geophysical Research-Oceans, 97:19061-19089.

GUANTER L, FRANKENBERG C, DUDHIA P E, et al, 2012. Retrieval and global assessment of terrestrial chlorophyll fluorescence from GOSAT space measurements[J]. Remote Sensing of Environment, 121:236-251.

GUANTER L, ZHANG Y G, JUNG M, et al, 2014. Global and time-resolved monitoring of crop photosynthesis with chlorophyll fluorescence[J]. PNAS, 111(14): 1327-1333.

HE L, CHEN J M, LIU J, et al, 2017. Angular normalization of GOME-2 Sun-induced chlorophyll fluorescence observation as a better proxy of vegetation productivity[J]. Geophysical Research Letters, 44(11):5691-5699.

JOINER J, YOSHIDA Y, GUANTER L, et al, 2016. New methods for the retrieval of chlorophyll red fluorescence from hyperspectral satellite instruments: simulations and application to GOME-2 and SCIAMACHY[J]. Atmospheric Measurement Techniques, 9(8), 3939-3967.

LE QUERE C, 2015. Global Carbon Budget[J]. Earth System Science Data, 7(2):349-396.

LIU L Y, GUAN L L, LIU X J, 2017. Directly estimating diurnal changes in GPP for C3 and C4 crops using far-red sun-induced chlorophyll fluorescence[J]. Agricultural and Forest Meteorology, 232:1-9.

LIU L Y, LIU X J, WANG Z H, et al, 2016. Measurement and analysis of bidirectional SIF emissions in wheat canopies[J]. IEEE Transactions on Geoscience and Remote Sensing. 54(5): 2640-2651.

MADANI N, KIMBALL J S, AFFLECK DLR, et al, 2014. Improving ecosystem productivity modeling through spatially explicit estimation of optimal light use efficiency[J]. Journal of Geophysical Research-Bio geosciences, 119: 1755-1769.

MAIER S W, GüNTHER K P, STELLMES M, 2003. Sun-induced fluorescence: A new tool for precision farming. Digital imaging and spectral techniques: Applications to precision agriculture and crop physiology (digitalimaginga), 209-222.

MERONI M, ROSSINI M, GUANTER L, et al, 2009. Remote sensing of solar-induced chlorophyll fluorescence: Review of methods and applications[J]. Remote Sensing of Environment, 113 (10): 2037-2051.

PINTO F, DAMM A, SCHICKLING A, et al, 2016. Sun-induced chlorophyll fluorescence from high-resolution imaging spectroscopy data to quantify spatio-temporal patterns of photosynthetic function in crop canopies[J]. Plant and Cell Physiology, 39(7): 1500-1512.

PINTO F, MULLER-LINOW M, SCHICKLING A, et al, 2017. Multiangular observation of canopy sun-induced chlorophyll fluorescence by combining imaging spectroscopy and stereoscopy[J]. Remote Sensing, 9: 1-21.

PORCAR-CASTELL A, TYYSTJARVI E, ATHERTON J, et al, 2014. Linking chlorophyll a fluorescence to photosynthesis for remote sensing applications: Mechanis ms and challenges[J]. Journal of Experimental Botany, 65: 4065-4095.

POTTER C S, RANDERSON J T, FIELD C B, et al, 1993. Terrestrial ecosystem production: A process model-based on global satellite and surface data[J]. Global Biogeochemical Cycles, 7: 811-841.

SCHAEFER K, 2012. A model-data comparison of gross primary productivity: Results from the North American Carbon Program site synthesis[J]. Journal of Geophysical Research-Biogeosciences, 117: 1-15.

VAN WITTENBERGHE, ALONSO S, VERRELST L, et al, 2015. Bidirectional sun-induced chlorophyll fluorescence emission is influenced by leaf structure and light scattering properties — A bottom-up approach[J]. Remote Sensing of Environment, 158, 169-179.

VERSTRAETE M, PINTY M B, DICKINSON R E, 1990. A Physical Model of the Bidirectional Reflectance of Vegetation Canopies . 1. Theory[J]. Journal of Geophysical Research, 95(8): 11755-11765.

XIA J Y, 2015. Joint control of terrestrial gross primary productivity by plant phenology and physiology[J]. PNAS, 112(9): 2788-2793.

YANG X, TANG J W, MUSTARD J F, et al, 2015. Solar-induced chlorophyll fluorescence that correlates with canopy photosynthesis on diurnal and seasonal scales in a temperate deciduous forest[J]. Geophysical Research Letters, 42: 2977-2987.

YUAN W P, CCI W W, XIA J Z, et al, 2014. Global comparison of light use efficiency models for simulating terrestrial vegetation gross primary production based on the LaThuile database[J]. Agricultural and Forest Meteorology, 192-193: 108-120.

YUAN W P, 2007. Deriving a light use efficiency model from eddy covariance flux data for predicting daily gross primary production across biomes[J]. Agricultural and Forest Meteorology,143(3-4):189-207.

ZHANG F,CHEN J M,CHEN J Q,et al,2012. Evaluating spatial and temporal patterns of MODIS GPP over the conterminous US against flux measurements and a process model[J]. Remote Sensing of Environment,124:717-729.

ZHENG T,CHEN J,HE L,et al,2017. Inverting the maximum carboxylation rate (Vcmax) from the sunlit leaf photosynthesis rate derived from measured light response curves at tower flux sites[J]. Agricultural and Forest Meteorology,236:48-66.

ZHOU Y L,WU X C,JU W M,et al,2016. Global parameterization and validation of a two-leaf light use efficiency model fore predicting gross primary production across FLUXNET sites[J]. Journal of Geophysical Research-Biogeosciences, 127:1045-1072.

第6章 结论与展望

6.1 结论

光合作用是植物收获阳光以从二氧化碳和水产生糖的过程。它是地球上所有生命的主要能源,了解这一过程是应对气候变化、人类影响和环境压力的关键因素(IPCC,2013;Baldocchi,1993)。高光谱遥感具有监测光合作用能力,健康状态和植被生长的潜力。从日间到季节,从叶片到冠层,从PRI到被动荧光,使用高光谱遥感技术估算光合作用仍然存在一些挑战。研究试图将气候变化过程与高光谱测量技术联系起来。

在这项研究中,首先研究PRI和叶绿素荧光参数在环境胁迫下在日尺度下对光合作用估算的影响(第2章)。然后,测量了叶片水平PRI,叶片色素(即叶绿素含量,叶类胡萝卜素含量和叶黄素含量),叶氮含量和V_{cmax25}的季节变化,并探讨了V_{cmax25}与其他变量之间的关系(第3章)。建立多角度自动的长时间序列的光谱观测设备(第4章)。利用角度归一化的冠层水平SIF来估计作物的光合作用(第5章)。

首先,测试了冠层水平PRI和NPQ评估玉米水分胁迫的能力,以便开发监测作物水分胁迫的遥感技术。光化学(PQ)和非光化学猝灭(NPQ)影响荧光的量子产率(ΦF)和光化学的量子产率(ΦP)。此外,ΦF在一天当中以及整个生长季节中都是高度动态的。ΦF在压力条件下会降低,而在恢复过程中会增加,这在很大程度上受持续NPQ形式控制。在监测玉米田中的水分胁迫时,随着水分胁迫的减少,PSII的实际量子产率($\Delta F/F_m{}'$)和净光合速率(P_n)的变化逐渐增加。研究发现PRI与结构变化发生之前的生长早期的水分胁迫有关。但是,PRI检测水分胁迫的能力受到许多外部因素(例如,观测几何)的困扰。因此,可以将NPQ用作检测植物水分胁迫的补充参数。

其次,在叶片色素中估算水稻的光合作用能力。我们发现叶片水平的PRI或叶绿素含量将用于估计映射叶片的光合参数(V_{cmax25})。这些结果对陆地生态系统的遥感具有重大意义,因为使用遥感数据通过估算叶氮含量推导植被光合参数的现有方法无效。这项研究证实了Croft等(2016)叶绿素是估算V_{cmax25}有效方法。此外,研究发现，叶片 PRI 与 V_{cmax25} 的关系要好于叶片叶绿素荧光和叶绿素含量。在生长季节，V_{cmax25} 与叶片水平 PRI 之间存在很强的相关性（R^2 为 0.91）。

最后，SIF 是直接从光合机制发出的信号。SIF 整合了体内复杂的植物生理功能以实时反映光合作用动态（Sun et al.，2017）有效使用角度归一化模型来对晴天向热点方向的 SIF 进行归一化，并根据阳叶和阴叶来计算 SIF，并将树冠层级 SIF 分为阳光照射部分和阴影部分。此外，该模型还用于量化晴天传感器的 FOV 中阳叶和阴叶比例，将观测到的 SIF 角度订正到热点方向，并计算冠层水平的总 SIF 以精确估算 GPP。在这项研究中，发现 SIF_{canopy} 和 $SIF_{hotspot}$ 比规范化的 SIF_{obs} 对 GPP 更好。对于 SIF_{687} 和 SIF_{760}，R^2 分别增加 0.12±0.03 和 0.21±0.01。而且，SIF 的角度分布是不均匀的，仅从一个角度测量的 SIF 不能代表冠层的平均值。后向方向的 SIF 值高于前向方向的 SIF 值，因为在后向方向上可以看到比向前方向更多的阳光照射的叶子。

总而言之，研究气候变化背景下高光谱遥感的应用。结果表明，PRI 和 SIF 可以成功捕获植物生理状况响应环境胁迫的季节动态。因此，PRI 和 SIF 为估算作物的光合作用提供了强大的工具。本书的结果鼓励使用遥感技术来测量冠层水平的 PRI，以大规模检测农作物的水分胁迫。此外，本书证实了水稻中 V_{cmax25} 与 Chl_{Leaf} 之间的线性关系。Chl_{Leaf} 具有很强的潜力，可以用作全球范围内光合作用能力和 V_{cmax25} 空间分布的代理。此外，将叶片水平的 PRI 与叶片色素结合使用，可以提供另一种估算 V_{cmax25} 的方法。SIF 角度订正模型用于订正原始 SIF 数据。一些卫星传感器（GOSAT，GOME-2 和 OCO-2）在较大的太阳天顶角范围和/或观测角范围内获取 SIF 数据（He et al.，2017；Frankenberg et al.，2011）。在这项研究中进一步开发的角度归一化方案可用于处理这些传感器的 SIF 数据。与 Porcar-Castell 等（2014）先前 ΦF 和 ΦP 关系结果相比，我们的研究将 ΦP 值扩展到 0.2，可以全面评估干旱对 ΦP 和 ΦF 的影响。严重干旱影响 ΦP 的比例高于 ΦF，该结果意味着当极端干旱发生时，SIF 将无法指示光合速率。研究发现 SIF 中存在明显的角度变化。在这项研究中，构建了 MFS 系统，用于在植物冠层上进行连续测量。改进了模型，用以量化晴天传感器视野中阳叶和阴叶的比例，将遥感 SIF 角度订正到热点方向（$SIF_{hotspot}$），并计算冠层水平的总 SIF（SIF_{canopy}）为了准确代表整个 GPP，进行角度归一化后，SIF 和 GPP 之间的相关性得到了显著改善。这表明在使用卫星 SIF 数据估算地面生态系统的 GPP 时，考虑太阳目标传感器的观测非常重要。

6.2 不确定性

尽管本书中研究在评估 PRI 和 SIF 遥感观测对作物生长监测的实用性方面取得了长足的进步，但仍然存在一些不确定性和局限性，需要进一步改进：

(1)具有25°视场(FOV)的朝下裸光纤测量目标的向上辐射。如果视角天顶角(VZA)太大,则多角度SIF的观测可能会受到太阳辐射的影响。可以添加一个准直透镜来解决这个问题。

(2)理想情况下,角度标准化后应消除角度变化。这项研究中剩余的角度变化归因于传感器的低信噪比(SNR)(300∶1)。将来使用更高SNR的光谱仪可以获得更好的结果。

(3)在本实验中,光谱仪的积分时间在正午设置为0.7 s,在清晨和日落设置为1.8 s。如果可以根据太阳辐射的水平调整积分时间,则可以提高测量精度。另外,应将多角度循环的总积分时间限制在一个阈值以下,以便可以假设在多角度循环内太阳位置不变。

6.3 展望

为了改善观测结果,未来需要解决以下几个问题:

(1)在冠层水平上对SIF和PRI的观测有可能改善对陆地生态系统GPP的估计。PRI通常与植被的LUE相关。然而,在整个生长季节,PRI与LUE的相关性差异很大。另外,发现仅在晴天时,SIF与GPP的相关性强。因此,PRI和SIF两者可以彼此互补估算GPP。将来,可以通过结合PRI和SIF来跟踪GPP的季节性变化来开发一种用于GPP估计的新颖方法。

(2)除了现有的从地面观测SIF的卫星传感器(例如GOSAT,GOME-2,OCO-2)外,中国二氧化碳观测卫星已于2017年发射,该传感器不久将提供SIF观测。FLEX是欧洲航天局计划中的任务,发射一颗卫星以监测地面植被中的SIF。FLEX将于2022年推出。所有这些传感器在获取可靠的数据以评估地面生产力时都将遇到太阳光照和传感器观测角度的问题,因此本研究中改进的角度归一化方案可用于处理这些传感器的SIF数据。

参考文献

BALDOCCHI D D,1993. Scaling water vapor and carbon dioxide exchange from leaves to a canopy: rules and tools. Scaling physiological processes, 77-114.

CROFT H,CHEN J M,LUO X,et al,2016. Leaf chlorophyll content as a proxy for leaf photosynthetic capacity[J]. Global Change Biology, 12:1-7.

FRANKENBERG C,2011. New global observations of the terrestrial carbon cycle from GOSAT: Patterns of plant fluorescence with gross primary productivity [J]. Geophysical Research

Letters, 38:1-6.

HE L,CHEN J M,LIUI J,et al,2017. Angular normalization of GOME-2 Sun-induced chlorophyll fluorescence observation as a better proxy of vegetation productivity[J]. Geophysical Research Letters, 44(11):5691-5699.

IPCC,2013. Climate Change 2013: The Physical Science Basis. Contribution of Working Group I to the Fifth Assessment Report of the Intergovernmental Panel on Climate Change. (eds Stock Tf, Qin D, Plattner G-K, Tignor M, Allen S, Boschung J, Nauels A, Xia Y, Bex V, Midgley P). Cambridge, UK & New York, NY, USA. https://www.globalchange.gov/.

PORCAR-CASTELL A,TYYSTJARVI E,ATHERTON J,et al,2014. Linking chlorophyll a fluorescence to photosynthesis for remote sensing applications: Mechanis ms and challenges[J]. Journal of Experimental Botany, 65:4065-4095.

SUN Y,FRANKENBERG C,WOOD J D,et al,2017. OCO-2 advances photosynthesis observation from space via solar-induced chlorophyll fluorescence[J]. Science, 358(6360):5747.

附录A 世界高光谱遥感卫星发射年表

卫星	国家	年份
Terra/Aqua	美国	1999
MightSat-II	美国	2000
EO-1 Hyperion	美国	2000
PROBA-1	欧州航天局	2001
ENVISAT-1	欧州航天局	2002
MRO	美国	2005
HySI	印度	2008
TacSat-3	美国	2009
HICO	美国	2009
GOSAT	日本	2009
OCO-2	美国	2014
Cartosat 2E	印度	2017
EnMAP	德国	2020
ALOS-3	日本	2020
SHALOM	以色列、意大利	2012
HyspIRI	美国	2023
神舟三号	中国	2002
嫦娥一号	中国	2007
HJ-1A/B	中国	2008
天宫一号	中国	2011
高分五号	中国	2018
珠海一号	中国	2019
PRISMA	意大利	2019

附录 B　世界主要高光谱遥感卫星

B.1　Terra / Aqua

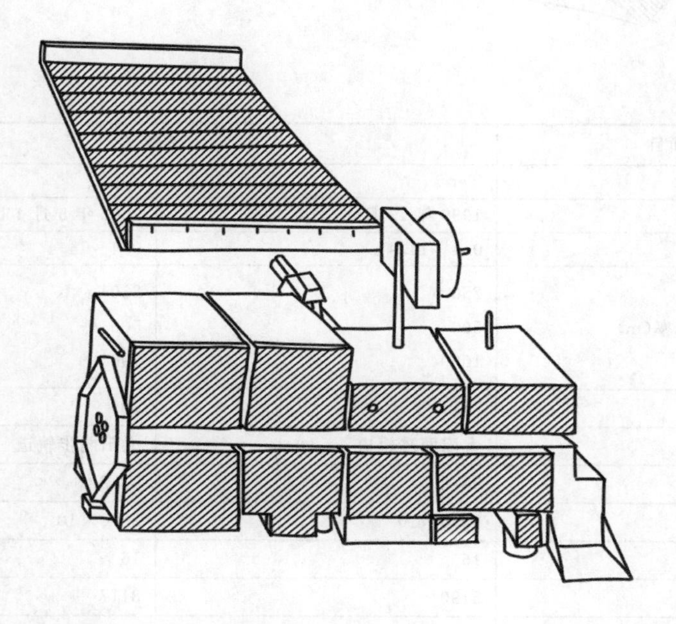

Terra 卫星(也被称为 EOS-AM1 卫星)于 1999 年 12 月 18 日发射升空,是 EOS(地球观测系统)计划的第一颗卫星。Terra 卫星上共有五种传感器,能同时采集地球大气、陆地、海洋和太阳能量平衡等信息:云与地球辐射能量系统 CERES、中分辨率成像光谱仪 MODIS、多角度成像光谱仪 MISR、先进星载热辐射与反射辐射计 ASTER 和对流层污染测量仪 MOPITT。Terra 卫星是美国、日本和加拿大联合进行的项目,美国提供了卫星和三种仪器:CERES、MISR 和 MODIS。Terra 卫星沿地球近极地轨道航行,高度是 705 km,在早上同一地方时经过赤道。Terra 卫星轨道基本上与地球自转方向垂直,所以它的图像可以拼接成一幅完整的地球图像。

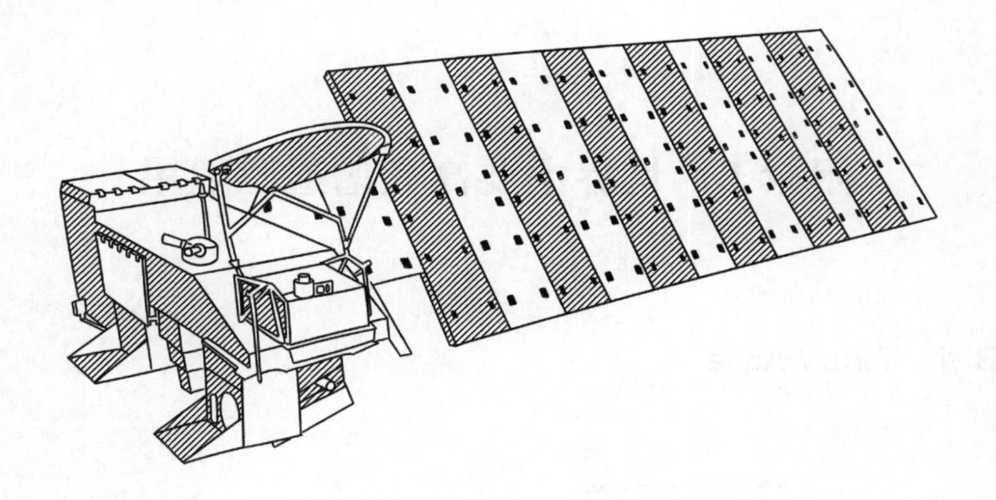

项目	参数	
卫星名称	Terra	Aqua
发射日期	1999 年 12 月 18 日	2002 年 5 月 4 日
波长范围(nm)	0.4～14.4	0.4～14.4
星下点空间分辨率(m)	250 500 1000	250 500 1000
轨道高度(km)	705	705
运行轨道	太阳同步轨道	太阳同步轨道
轨道倾角(°)	98.2	98.2
幅宽(km)	2330×10	2330×10
重访周期 (d)	16	16
载荷重量(kg)	5190	3117
成像方式	摆扫式	摆扫式
通过赤道时间	上午 10:30(北→南)	下午 1:30(南→北)
设计寿命(年)	5	6
直径(m)	3.5	2.6
长度(m)	6.8	6.6
重量(kg)	5190	3117
功率(W)	2530	4444
数据传输	直接接收和通过 IDRS	直接接收

Aqua 卫星保留了 Terra 卫星上已经有了的 CERES 和 MODIS 传感器，并在数据采集时间上与 Terra 形成补充。它也是太阳同步极轨卫星，每日地方时下午过境，因此称作地球观测第一颗下午星(EOS-PM1)。Aqua 卫星共载有 6 个传感器，它们分别是：云与地球辐射能量系统测量仪 CERES(Clouds and the Earth's Radiant Energy Syste)、中分辨率成象光谱仪 MODIS(Moderate-resolution Imaging Spectroradiometer)、大气红外探测器 AIRS (Atmospheric Infrared Sounder)、先进微波探测器 AMSU-A (Advanced Microwave Sounding Unit-A)、巴西湿度探测器 HSB (Humidity Sounder for Brazil)、地球观测系统先进微波扫描辐射计 AMSR-E (Advanced Microwave Scanning Radiometer-EOS)。

B.2 MightSat-Ⅱ

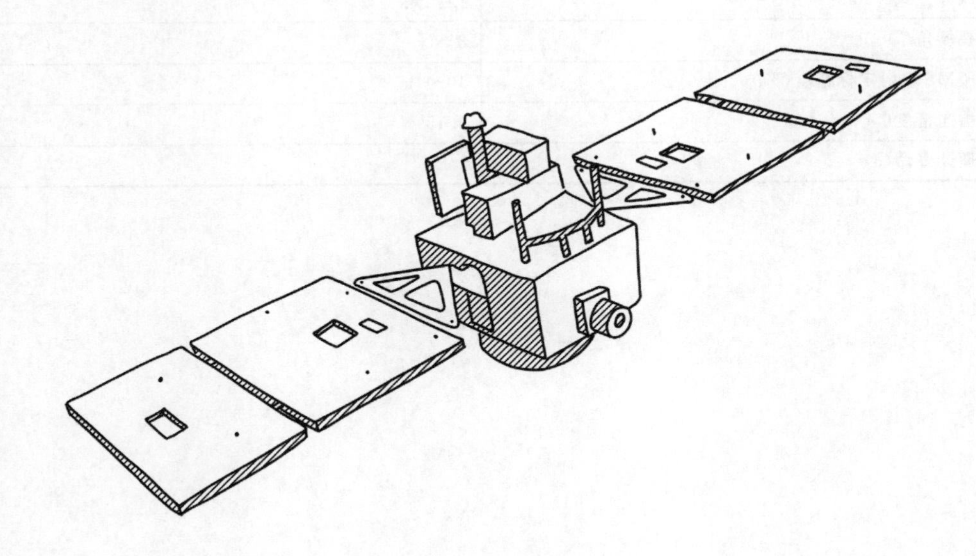

2000 年 7 月，美国研制的傅里叶变换超光谱成像仪 FTHSI 成功搭载在美国空军的卫星 MightSat-Ⅱ之上，实现了成像光谱仪在星载平台上的应用。其采用 Sagnac 空间调制型成像光谱技术方案，空间分辨率为 30 m，光谱范围 475～1050 nm，波段数 256 个，光谱分辨率 2～10 nm。

项目	参数
发射日期	2000年7月19日
波长范围(nm)	475～1050
光谱分辨率/精度(cm^{-1})	84.4/0.1
空间分辨率(m)	30
可用频带数	256
轨道高度(km)	575
运行轨道	太阳同步轨道
轨道倾角(°)	97.6
幅宽(km)	10～15
载荷重量(kg)	20.45
载荷体积(cm^3)	17043
成像方式	推扫式
视场角(°)	3
R MS辐射定标精度(%)	10～15
指向精度(°)	0.15
预计寿命(a)	>2

B.3　EO-1 Hyperion

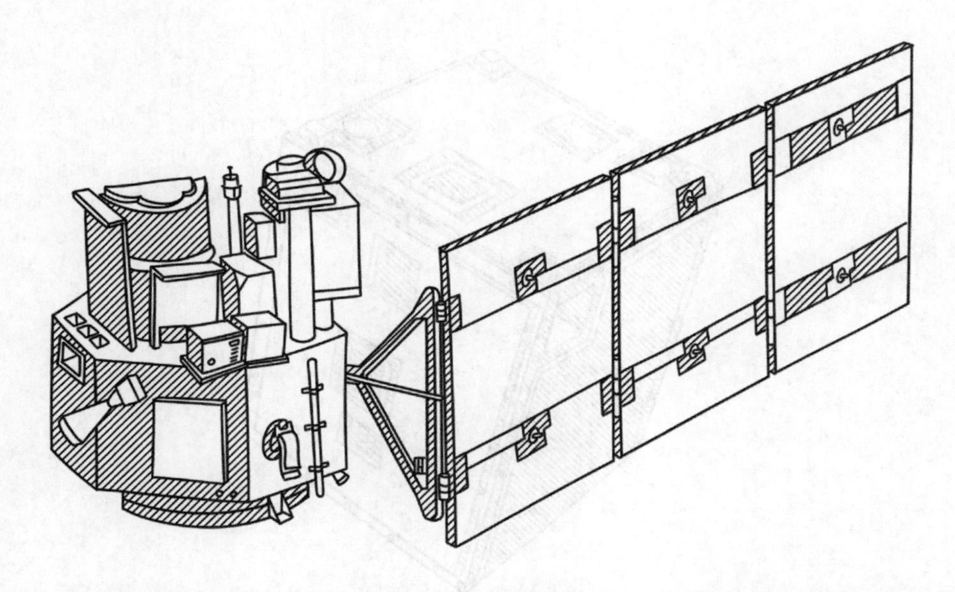

2000 年 11 月,美国发射的 Hyperion 是世界上第一台星载高光谱图谱测量仪,其在可见/近红外及短波红外分别采用了不同的色散型光谱仪,使用推扫型的数据获取方式,在 400～2500 nm 的光谱范围内,拥有 242 个探测波段,光谱分辨率为 10 nm,空间分辨率为 30 m。Hyperion 的高光谱特性可以实现精确的农作物估产、地质填图、精确制图,在采矿、森林以及环保领域有着广泛的应用前景。

项目	参数
发射日期	2000 年 11 月 21 日
波长范围(nm)	400～2500
光谱分辨率(nm)	10
空间分辨率(m)	30
可用频带数	242
轨道高度(km)	705
运行轨道	太阳同步轨道
轨道倾角(°)	98.21
幅宽(km)	7.7
重访周期 (d)	200
载荷重量(kg)	110
成像方式	推扫式

B.4 PROBA-1

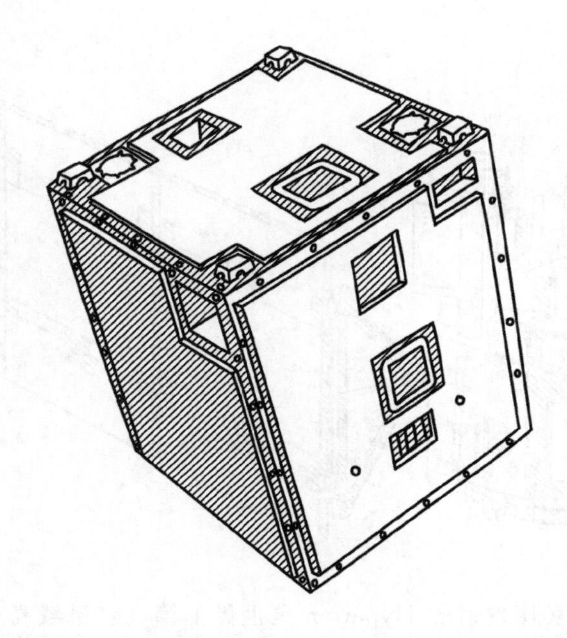

2001年10月,欧州航天局搭载于天基自主计划卫星PROBA的紧凑型高分辨率成像光谱仪CHIRS发射成功,载荷外观及获得的图像数据如图所示。CHIRS同样采用推扫型数据获取方式,探测光谱范围覆盖405～1050 nm,共有五种探测模式,最多的波段数为63个,光谱分辨率5～12 nm,星下点空间分辨率20 m。

项目	参数
发射日期	2001年10月22日
波长范围(nm)	405～1050
光谱分辨率(nm)	5～12
空间分辨率(m)	34
可用频带数	37
轨道高度(km)	615
运行轨道	太阳同步轨道
轨道倾角(°)	97.81
幅宽(km)	13
重访周期 (d)	7
载荷重量(kg)	94
成像方式	推扫式

B. 5　ENVISAT-1

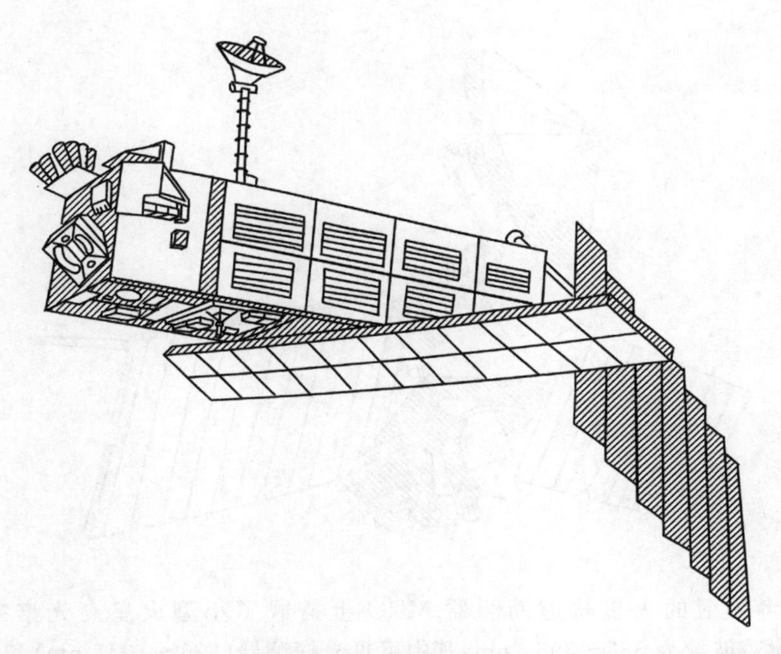

2002年3月,欧州航天局发射的环境卫星ENVISAT-1上搭载的推扫式中分辨率成像光谱仪MERIS,光谱范围为390～1040 nm,光谱分辨率可以通过编程进行调节,波段数可达576个,主要用于海岸和海洋生物探测及研究。

项目	参数
发射日期	2002年3月1日
波长范围(nm)	390～1040
光谱分辨率(nm)	1.25～30
空间分辨率(m)	30
可用频带数	576
轨道高度(km)	800
运行轨道	太阳同步轨道
轨道倾角(°)	98
幅宽(km)	1150
重访周期 (d)	35
载荷重量(kg)	2050
成像方式	推扫式

B.6 MRO

2005年发射的火星轨道勘测器MRO上搭载了小型火星高光谱勘测载荷CRISM，覆盖波段为383～3960 nm，其中可见光探测器（383～1071 nm）和短波红外探测器（988～3960 nm）的面阵像元数均为640像元×480像元。CRISM采用Offner结构的光栅分光方法，在可见光波段光谱分辨率达到6.55 nm，在红外波段达到6.63 nm，空间分辨率低于20 m，主要用于火星液态水寻找、火星地表矿物成分、两极冰盖的变化大气成分季节性变化等的科学研究。

项目	参数
发射日期	2005年8月12日
波长范围(nm)	383～3960
光谱分辨率(nm)	可见光:6.55 红外:6.63
空间分辨率(m)	20
可用频带数	544
运行轨道	火星轨道
载荷重量(kg)	2180

B.7 HySI

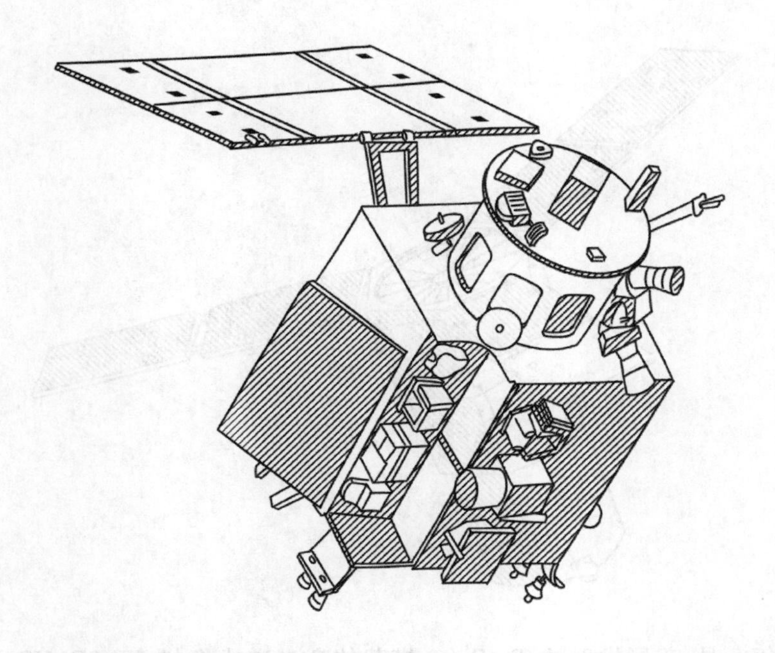

印度Cartosat系列的遥感卫星搭载了全色和多光谱相机，大大提升了印度的侦查能力。2008年10月，ISRO通过星载高光谱相机HySI用于测绘月球表面地形，在400～950 nm的波长范围内有64个通道，光谱分辨率约为10 nm，空间分辨率为506 m，地面幅宽为129.5 km。

项目	参数
发射日期	2008年10月
波长范围(nm)	400～950
光谱分辨率(nm)	10
空间分辨率(m)	506
可用频带数	64
轨道高度(km)	618
运行轨道	近极地太阳同步轨道
轨道倾角(°)	97.87
幅宽(km)	129.5（前视29.42，后视26.24）
重访周期(d)	5
载荷重量(kg)	4
成像方式	推扫式

B.8 TacSat-3

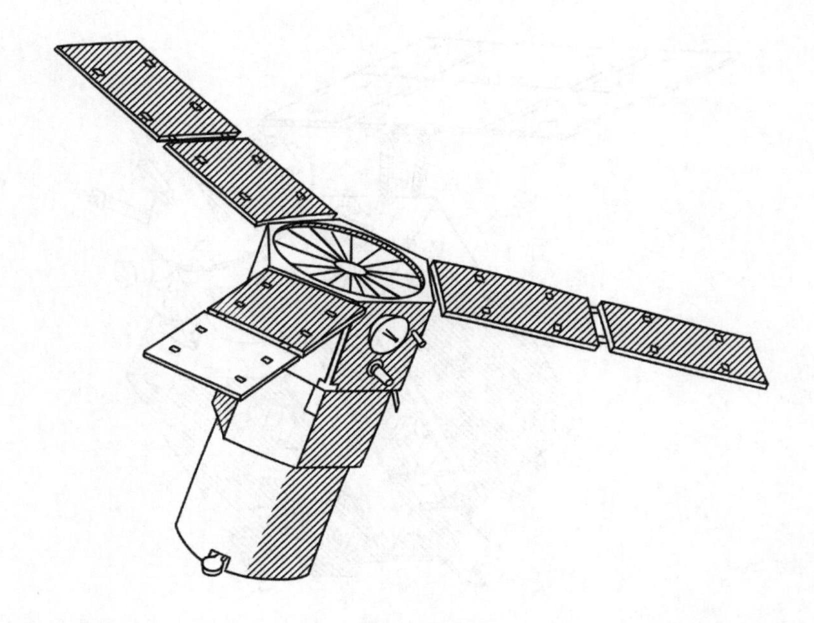

2009 年 5 月，美国发射的 TacSat-3 搭载的高光谱成像仪 ARTEMIS，采用色散型成像光谱仪，空间分辨率达到 4 m，光谱范围为 400～2500 nm，光谱分辨率 5 nm。TacSat-3 是一颗军用卫星，主要用途为战术侦察，具有很高的机动性和准实时战场数据应用能力。

项目	参数
发射日期	2009 年 5 月 19 日
波长范围(nm)	400～2500
光谱分辨率(nm)	5
空间分辨率(m)	4
可用频带数	400
轨道高度(km)	近地点 420，远地点 449
运行轨道	近地轨道
轨道倾角(°)	40.5
载荷重量(kg)	170

B. 9　HICO

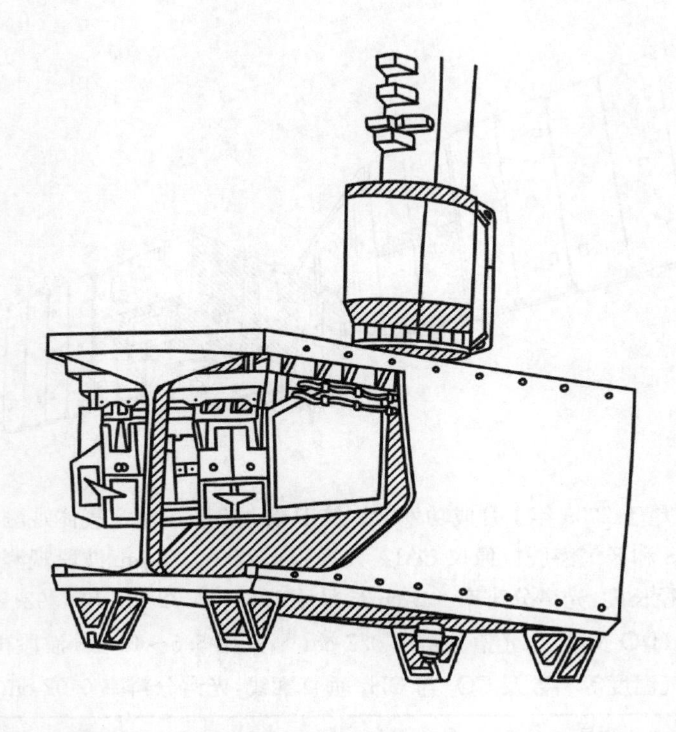

2009 年 9 月，由美国海军研究实验室研制海洋观测的高光谱成像仪 HICO 成功安装在国际空间站上，该仪器在 350～1080 nm 光谱范围内具有 128 个通道，光谱分辨率达到 5.7 nm，可以获取海洋表面的高光谱数据。在轨道高度为 345 km 时，其空间分辨率为 100 m，幅宽为 500 km。

项目	参数
发射日期	2009 年 9 月
波长范围(nm)	350～1080
光谱分辨率(nm)	5.7
空间分辨率(m)	100
可用频带数	128
轨道高度(km)	345
运行轨道	近地轨道
轨道倾角(°)	51.6
幅宽(km)	500
重访周期 (d)	15.54 圈/天

B. 10 GOSAT

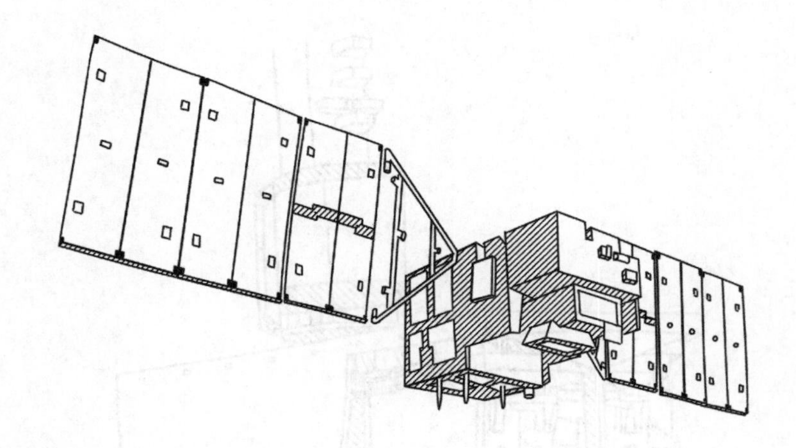

GOSAT 卫星于 2009 年 1 月成功发射。该卫星上安装了温室气体观测传感器傅里叶变换光谱仪 FTS 和云气溶胶成像仪 CAI。其采用 0.75～0.78 μm 波段观测氧气浓度及卷云，确定光学路径长度，光谱分辨率 0.5 cm^{-1}，采用 1.56～1.72 μm 和 1.92～2.08 μm 波段观测 CO_2、CH_4、H_2O 及卷云，光谱分辨率 0.2 cm^{-1}，采用 5.5～14 μm 波段再次获得 CO_2、CH_4、水汽和大气温度等参数及 CO_2 与 CH_4 垂直廓线，光谱分辨率 0.02 cm^{-1}。

项目	参数
发射日期	2009 年 1 月 23 日
波长范围(μm)	Band1：0.758～0.775 Band2：1.56～1.72 Band3：1.92～2.08 Band4：5.56～14.3
光谱分辨率(nm)	0.025
空间分辨率	10.5
观测目标	Band1：O_2 Band2：CO_2、CH_4、H_2O Band3：CO_2、CH_4、H_2O 以及卷云 Band4：CO_2、CH_4 以及卷云
轨道高度(km)	近地点 667，远地点 683
轨道倾角(°)	98
运行轨道	太阳同步轨道
幅宽(km)	750
重访周期(d)	3
载荷重量(kg)	1.75
信噪比	>300

B.11 OCO-2

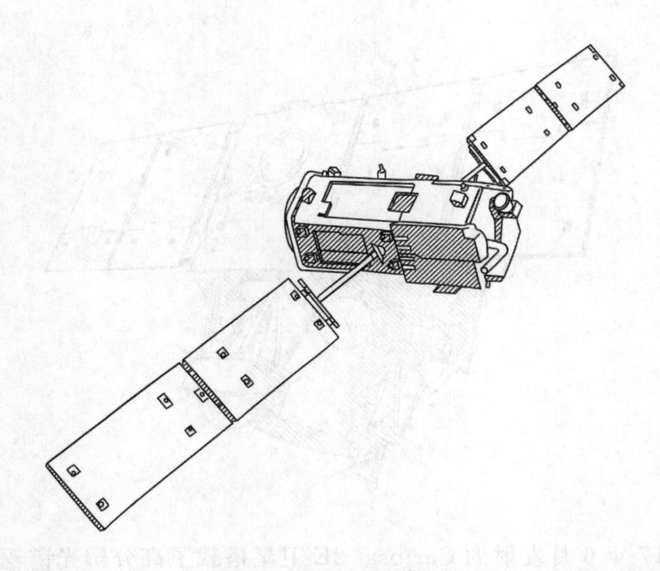

OCO-2于2014年7月2日成功发射，其主要载荷为高光谱与高空间分辨率CO_2探测仪，能够探测2.042～2.082 μm、1.594～1.619 μm和0.758～0.772 μm三个大气吸收光谱通道，光谱通道数为1016个，光谱分辨率为0.042 nm，地面幅宽10.6 km，OCO-2主要科学任务是观测全球二氧化碳的分布。

项目	参数
发射时间	2014年7月2日
光谱范围(μm)	O_2:0.758～0.772 CO_2:1.594～1.619 CO_2:2.042～2.082
光谱分辨率(nm)	0.042
空间分辨率(km)	1.3×2.25
轨道高度(km)	705
轨道倾角(°)	98.2
运行轨道	太阳同步轨道
幅宽(km)	10.6
重访周期(d)	16
载荷重量(kg)	449
有效通道	1016

B. 12 Cartosat 2E

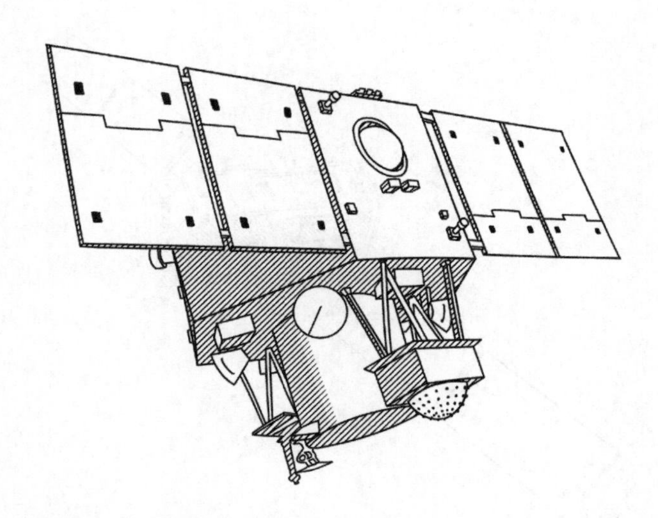

印度于 2017 年 6 月发射的 Cartosat 2E 卫星搭载了高分辨光谱辐射度 HRMX，用于自然资源普查、灾害管理、地面形态以及农作物、植被等探测，波段范围包括可见光范围 400～750 nm，以及近红外波段 750～1300 nm，空间分辨率为 2 m，地面幅宽为 10 km。Cartosat 3 计划于 2018 年发射，将搭载近红外光谱仪，用于陆地表面多用途探测，波段范围在 0. 75～1. 3 μm，空间分辨率可达 1 m，地面幅宽为 16 km。

项目	参数
发射日期	2017 年 6 月
波长范围(nm)	可见光:400～750 近红外:750～1300
空间分辨率(m)	2
可用频带数	4
轨道高度(km)	550
运行轨道	太阳同步轨道
轨道倾角(°)	45
幅宽(km)	10
重访周期 (d)	4
载荷重量(kg)	712
指向精度	±0.05

B. 13　EnMAP

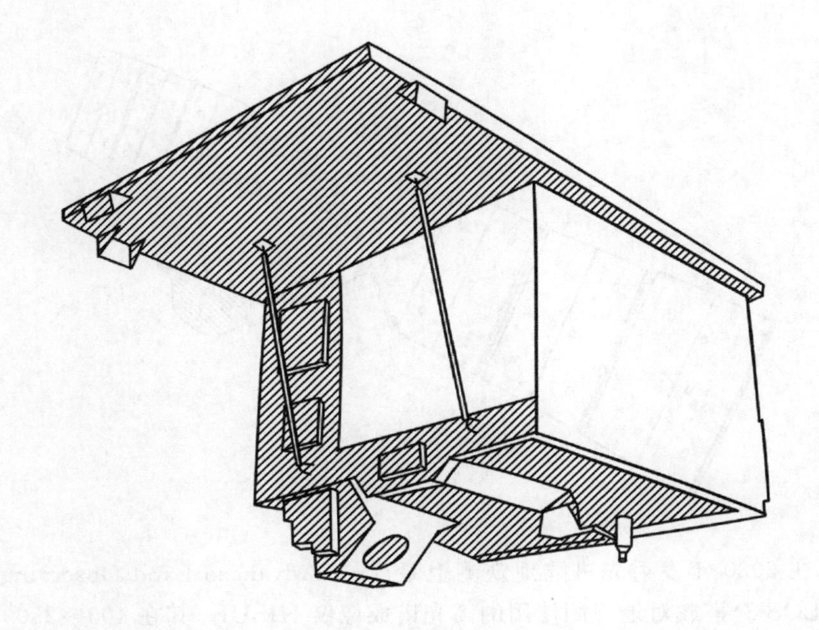

EnMAP 是德国的高光谱卫星，它的主要任务是提供地球表面适时的精确高光谱图像。由德国地学研究中心指导，德国航空航天中心承研的科研项目。地面研制由德国航空航天中心完成，将搭载在印度航空航天局 2020 年发射的极地卫星上。卫星飞行高度为 643 km，幅宽为 30 km，空间分辨率为 30 m×30 m，光谱范围为 420～2450 nm，光谱谱带数 244 个，重访周期为 27 天，成像方式为推扫式。

项目	参数
发射日期	2020 年
波长范围(nm)	420～2450
光谱分辨率(nm)	10
空间分辨率(m)	30
可用频带数	244
轨道高度(km)	643
运行轨道	太阳同步轨道
轨道倾角(°)	98
幅宽(km)	30
重访周期 (d)	27
成像方式	推扫式

B.14 ALOS-3

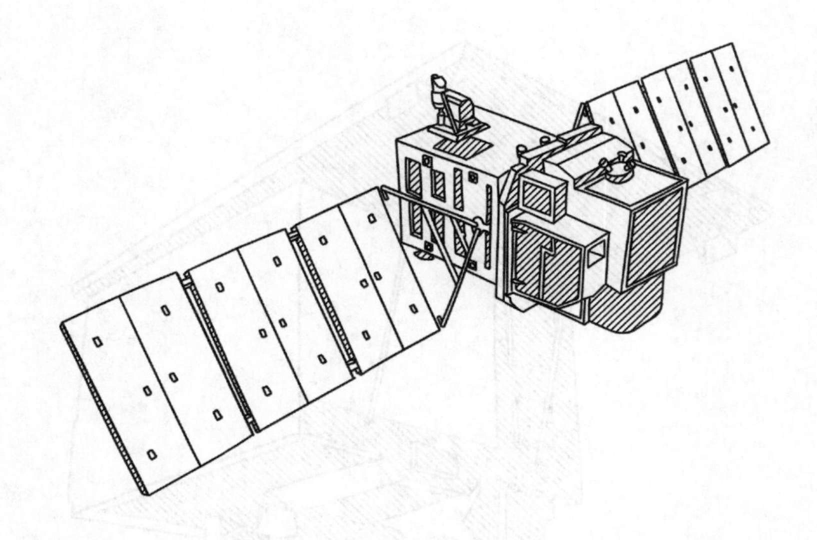

日本在2020年发射先进陆地观测卫星3号(Advanced Land Observing Satellite-3, ALOS-3)搭载对地观测使用的高光谱成像仪HISUI。其在400～2500 nm波段范围内拥有185个通道,空间分辨率为30 m,地面幅宽70 km。HISUI最大的特点是其具有在轨数据处理能力,可以星上辐射定标、像元合并、光谱校正及无损数据压缩。该卫星获取灾前和灾后数据的能力,将成为各国有关部门防灾和预警的必要技术手段之一。卫星获得的观测数据也将用于经济社会发展的各个领域,例如高精度地理空间信息的维护和更新、沿海和陆地环境监测的研究和应用。

项目	参数
发射日期	2020年
波长范围(nm)	400～2500
光谱分辨率(nm)	2.5
空间分辨率(m)	30
可用频带数	185
轨道高度(km)	669
运行轨道	太阳同步轨道
幅宽(km)	70
重访周期 (d)	35
载荷重量(kg)	4000

B. 15 SHALOM

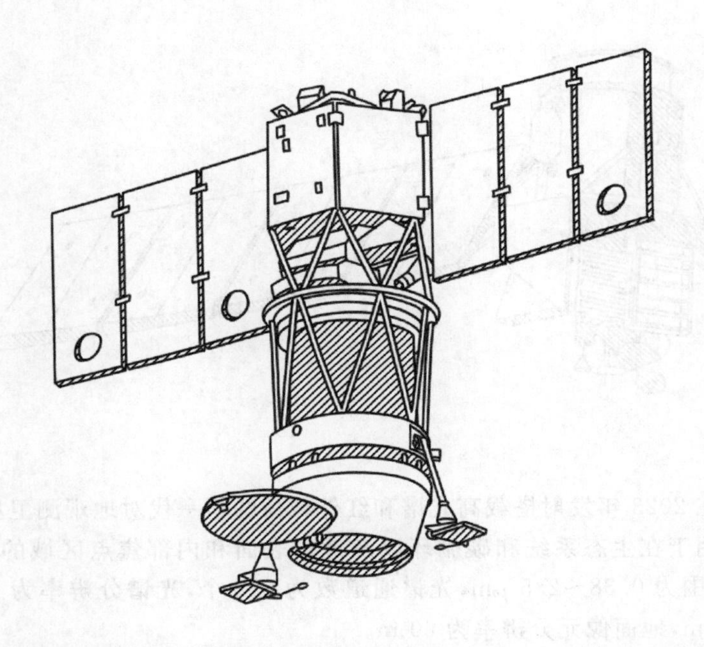

星载高光谱陆地与海洋观测卫星(Space borne Hyperspectral Applicative Land and Ocean Mission，SHALOM)是由以色列航天局和意大利航天局共同合作的两个商业高光谱卫星。初步研究计划于 2012 年开始，并于 2013 年完成。2015 年 10 月双方签署协议，该系统 2021 年全面投入运营，该项目预计耗资超过 2 亿美元。其空间分辨率小于 10 m，幅宽大于 10 km，光谱范围为 400～2500 nm，光谱分辨率为 10 nm，飞行高度为 640 km。

项目	参数
发射日期	2021 年
波长范围(nm)	400～2500
光谱分辨率(nm)	10
空间分辨率(m)	10
轨道高度(km)	640
幅宽(km)	＞10

B.16 HyspIRI

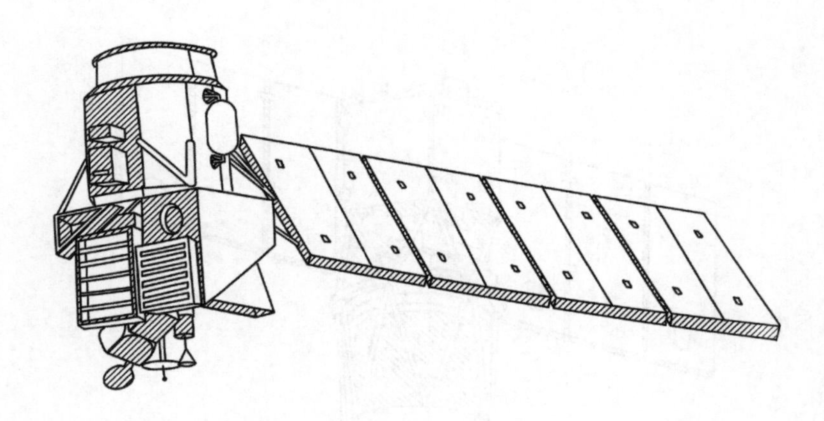

美国将在2023年发射搭载高光谱和红外载荷的新一代对地观测卫星HyspIRI。该卫星主要用于在生态系统和碳循环以及地球表面和内部焦点区域的各种科学研究，其光谱范围为0.38～2.5 μm，光谱通道数为212个，光谱分辨率为10 nm，地面幅宽为145 km，地面像元分辨率为60 m。

项目	参数
发射日期	2023年
波长范围(nm)	380～2500
光谱分辨率(nm)	10
空间分辨率(m)	60
可用频带数	210
轨道高度(km)	626
运行轨道	近地轨道
幅宽(km)	145

B. 17 神舟三号

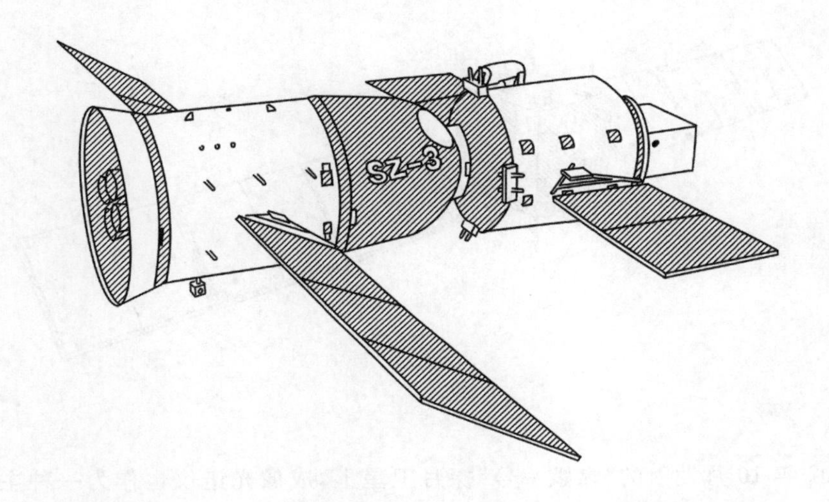

2002年3月25日，在“神舟三号”飞船中搭载了1台我国自行研制的中分辨率成像光谱仪，成为继美国在地球观测系统中Terra卫星上搭载成像光谱仪之后第二个将高光谱载荷送上太空的国家。其波段数为34个，覆盖了可见、近红外、短波红外和热红外波段，在可见近红外波段分辨率为20 nm。神州三号中分辨率成像光谱仪在大气探测、气溶胶光学厚度反演、水汽探测等方面得到广泛应用。

项目	参数
发射日期	2002年3月25日
波长范围(nm)	400～1250
光谱分辨率(nm)	20
空间分辨率(m)	500
可用频带数	可见光:20 近红外:10 短波红外:1 热红外:3

B. 18 嫦娥一号

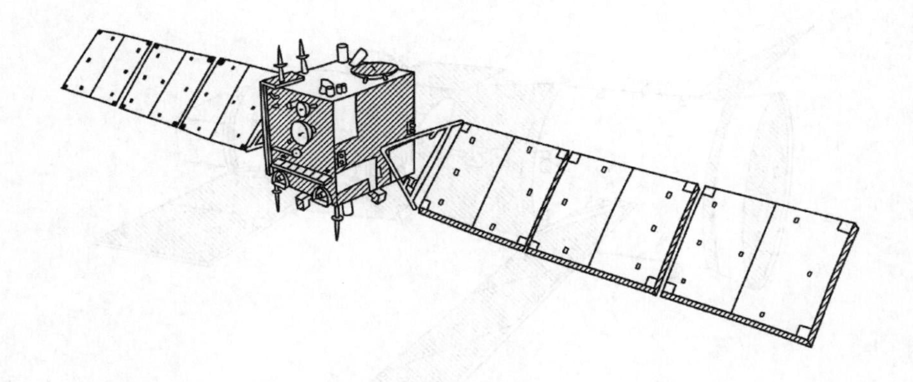

2007 年 10 月发射的“嫦娥一号”探月卫星上，成像光谱仪也作为一种主要载荷进入月球轨道，这是我国的第一台基于傅里叶变换的航天干涉成像光谱仪。其核心部件为 Sagnac 干涉成像光谱仪，波段数为 32 个，光谱区间为 480～960 nm，光谱分辨率为 15 nm，空间分辨率为 200 m。

项目	参数
发射日期	2007 年 10 月 24 日
波长范围(nm)	480～960
光谱分辨率(nm)	15
空间分辨率(m)	200
轨道高度(km)	200
运行轨道	环月圆形极轨道
载荷重量(kg)	130

B. 19 HJ-1A/B

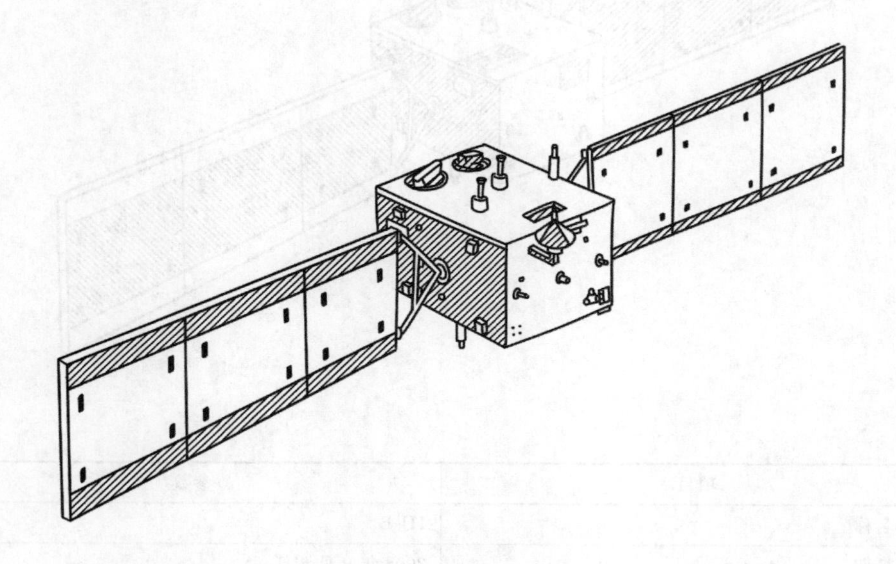

2008 年 9 月 6 日发射的环境和减灾小卫星星座上搭载了可见—近红外成像光谱仪。其探测谱段数量为 115 个，探测范围为可见近红外波段，光谱范围 450～950 nm，平均光谱分辨率为 5 nm，空间分辨率为 100 m，地面幅宽为 50 km。在大气监测、城市变化监测以及海洋、等方面，得到了广泛的应用。

项目	参数式
卫星名称	HJ-A
发射日期	2008 年 9 月 6 日
波长范围(nm)	450～950
光谱分辨率(nm)	5
空间分辨率(m)	100
可用频带数	115
轨道高度(km)	649
运行轨道	太阳同步轨道
轨道倾角(°)	97.94
幅宽(km)	360
重访周期 (d)	4
成像方式	推扫式

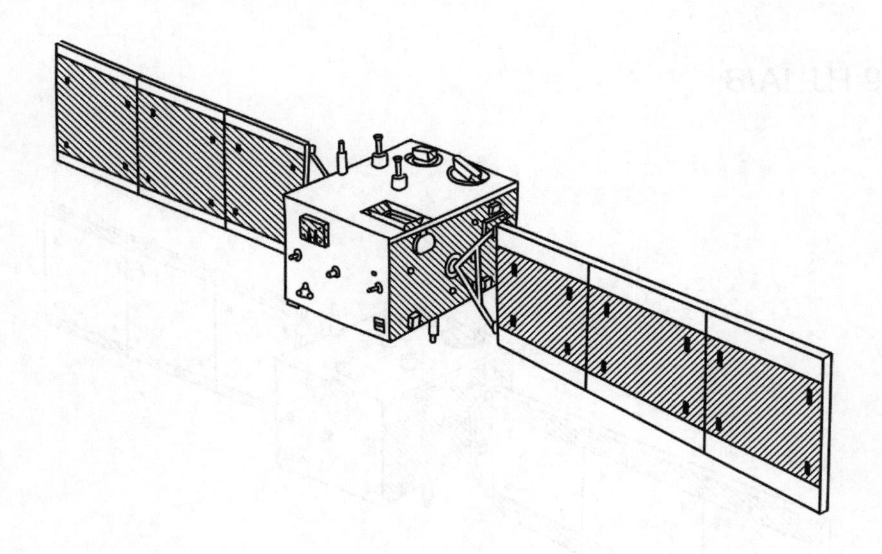

项目	参数
卫星名称	HJ-B
发射日期	2008 年 9 月 6 日
波长范围(nm)	750～1250
光谱分辨率(nm)	5
空间分辨率(m)	30
轨道高度(km)	649
运行轨道	太阳同步轨道
轨道倾角(°)	97.94
幅宽(km)	720
重访周期 (d)	4

B.20　天宫一号

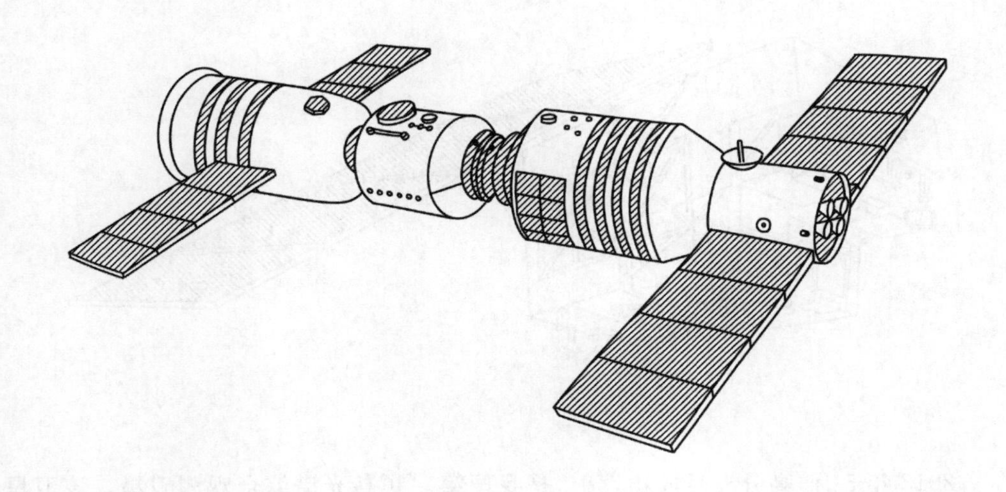

2011 年 9 月 29 日发射的“天宫一号”目标飞行器携带了我国自行研制的高光谱成像仪。该高光谱成像仪是当时我国空间分辨率和光谱综合指标最高的空间光谱成像仪，采用离轴三反非球面光学系统，复合棱镜分光与非球面准直成像光谱仪的总体技术方案，保证了其探测波段范围 400～2500 nm，实现了纳米级光谱分辨率的地物特征和性质的成像探测。

项目	参数
发射日期	2011 年 9 月 29 日
波长范围(nm)	400～2500
光谱分辨率(nm)	可见近红外:10 短波红外:23
空间分辨率(m)	全色:5 可见近红外:10 短波红外:20 热红外:10
幅宽(km)	全色:20 可见近红外:10 短波红外:10 热红外:15

B.21 高分五号

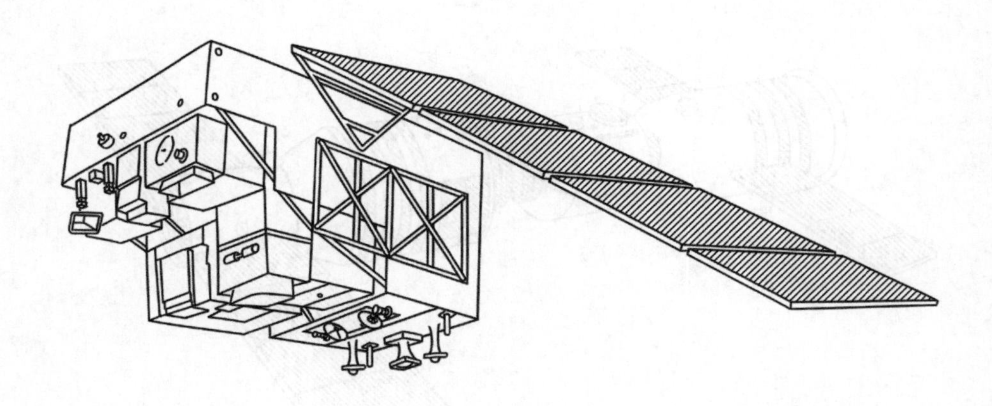

2018年5月，高分五号成功发射，是我国第一颗高光谱综合观测卫星。该卫星运行于同步轨道，用于获取从紫外到长波红外谱段的高光谱分辨率遥感数据样品。高分五号卫星是我国目前最为先进的高光谱探测卫星，也是国家“高分专项”中搭载载荷最多、光谱分辨率最高、研制难度最大的卫星。高分五号卫星搭载了大气环境红外甚高光谱分辨率探测仪、大气痕量气体差分吸收光谱仪、全谱段光谱成像仪、大气主要温室气体监测仪、大气气溶胶多角度偏振探测仪及可见短波红外高光谱相机6台载荷，具有高光谱分辨率、高精度、高灵敏度的观测能力，多项指标达到国际先进水平。

项目	参数
发射日期	2018年5月
波长范围(nm)	400～2500
光谱分辨率(nm)	5
空间分辨率(m)	30
可用频带数	330
轨道高度(km)	705
幅宽(km)	60
载荷重量(kg)	2800

B.22 珠海一号

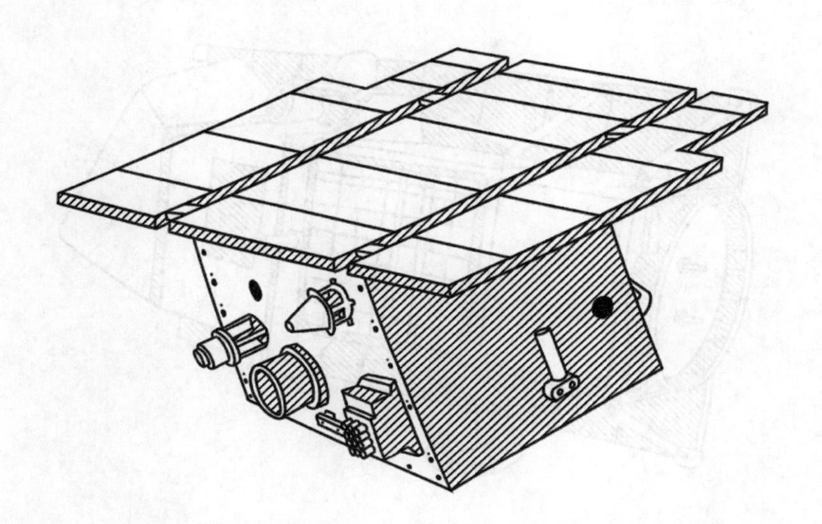

“珠海一号”03组5颗卫星于2019年9月成功发射。03组卫星包括4颗高光谱卫星(OrbitaHyperSpectral，简称OHS)和1颗0.9 m分辨率视频卫星。按计划后续将继续发射6颗高光谱卫星，到时10颗高光谱卫星组网成星座，可以缩短重访周期，提高动态观测效率，实现地表环境监测的快速响应。

项目	参数
发射日期	2019年9月
波长范围(nm)	400～1000
光谱分辨率(nm)	3～8
空间分辨率(m)	150
可用频带数	32
轨道高度(km)	510
运行轨道	太阳同步轨道
轨道倾角(°)	97.4
幅宽(km)	150×500
重访周期 (d)	1
载荷重量(kg)	67
成像方式	推扫式

B. 23 PRISMA

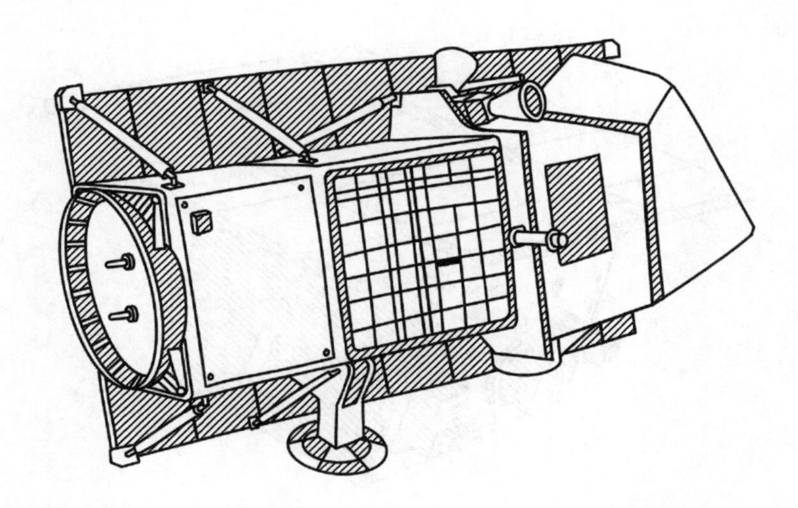

高光谱先驱及应用任务(PRISMA)卫星于 2019 年 3 月 21 日,由意大利航天局在法属圭亚那库鲁航天中心发射升空;其任务主要为自然资源监测与主要环境过程研究。同时,PRISMA 还将在自然灾害预防、人道主义援助等方面发挥作用。PRISMA 卫星轨道为太阳同步轨道,轨道高度为620 km。这一卫星搭载了一台高光谱成像仪(即 PRISMA HSI,主载荷与卫星同名)与一台中等分辨率全色相机(空间分辨率为 5 m)。其中,PRISM 传感器具有 239 个波段通道,波段成像范围为 400 nm 至 2500 nm,光谱分辨率低于 12 nm,空间分辨率为 30 m,影像幅宽为 30 km。

项目	参数
发射日期	2019 年 3 月 21 日
波长范围(nm)	400～1010
光谱分辨率(nm)	≤12
空间分辨率(m)	30
可用频带数	220
轨道高度(km)	620
运行轨道	太阳同步轨道
轨道倾角(°)	97.8
幅宽(km)	30
载荷重量(kg)	879

附录C 世界主要遥感组织的名称和网址

国际摄影测量和遥感学会(ISPRS-International Society for Photogrammetry and Remote Sensing)

https://www.isprs.org/

美国国家航空航天局(NASA-National Aeronautic and Space Administration)

https://www.nasa.gov/

欧洲航天局(ESA-European Space Agency)

https://www.esa.int/

日本宇宙航空研究开发机构(JAXA-Japanese Space Exploration Agency)

https://global.jaxa.jp/

法国国家太空研究中心(CNES-Centre National d'Etudes Spatiales)

https://cnes.fr/en/

德国航天局(DARA-German Space Agency)

https://www.dlr.de/rd/en/

加拿大航天局(CSA-Canadian Space Agency)

https://www.asc-csa.gc.ca/eng/default.asp

印度国家遥感机构(NRSA-National Remote Sensing Agency of India)

https://www.nrsc.gov.in/

缩略语及参数

BRF	Bidirectional reflectance factor	双向反射系数
BRDF	Bidirectional reflectance distribution function	双向反射分布函数
BEPS	Boreal ecosystem Productivity Simulator	BEPS模型
C	The width of the hotspot	热点宽度
C_p	The coefficient determination by the optical properties of foliage elements	光学特性决定系数
Chl_{Leaf}	Leaf chlorophyll content	叶绿素
Car	Leaf carotenoid content	胡萝卜素
DGVM	Dynamic global vegetation model	全球动态植被模型
EVI	Enhanced vegetation index	增强型植被指数
FAPAR	Fraction of Absorbed Photosynthetically Active Radiation	光合有效辐射吸收比率
F_s	The steady-state fluorescence	稳态荧光
$F(\xi)$	A hotspot kernel function	热点函数
F_m'	The maximal fluorescence intensity at actinic light	在光活化光下的最大荧光强度
F_o	The primary chlorophyll fluorescence yield recorded under low measuring light intensities	暗反应条件下的叶绿素荧光产量
F_m	The maximum chlorophyll fluorescence yield when a saturation pulse closed the PSII reaction centers	当饱和脉冲关闭PSII反应中心时的最大叶绿素荧光产量
GOME	Global ozone monitoring instrument	全球臭氧监测仪器
GOSAT	Greenhouse gases observing satellite	温室气体观测卫星
GPP	Gross primary productivity	总初级生产力
IPCC	Intergovernmental panel on climate change	联合国政府间气候变化专门委员会
J_{max}	Maximum electron transport rate	最大电子传输率
K	Function of enzyme kinetics	酶动力学函数
LUE	Light use efficiency	光能利用率

续表

L	Leaf area index	叶面积指数
L_{sun}	Total sunlit area L_{sun}	总的阳叶叶面积指数
L_v	Total visible leaf area L_v	总的观测到的叶面积指数
L_{sun_v}	Visible sunlit leaf area L_{sun_v}	观测到阳叶的叶面积指数
L'_{sh_v}	Visible shaded leaf area L_{shaded_v}	观测到阴叶的叶面积指数
MFS	The automated multi-angle chlorophyll fluorescence system	自动多角度叶绿素荧光观测系统
N_{area}	Leaf nitrogen by area	单位面积叶氮
N_{mass}	Leaf nitrogen by mass	单位生物量叶氮
NDVI	Normalized difference vegetation index	归一化植被指数
NPQ	Non-photochemical quenching	非光化学淬灭
PRI	Photochemical reflectance index	光化学反射指数
PAR	Photosynthetically active radiation	光合有效辐射
PPM	Parts per million	百万分比浓度
P_n	Net photosynthetic rate	净光合速率
PQ	Photochemical quenching	光化学淬灭
PLSR	Partial least squares regression	偏最小二乘回归
PSI	Photosystem I	光系统 I
PSII	Photosystem II	光系统 II
$P_{sunlit,v}$	The probalility of seeing the sunlit leaf (view angle)	观测角度看见阳叶的概率
$P_{shaded,v}$	The probalitiy of seeing the shaded leaf (view angle)	观测角度看见阴叶的概率
R_d	Leaf dark respiration	叶片暗呼吸
SIF	Sun-induced chlorophyll fluorescence	日光诱导叶绿素荧光
SIF_{canopy}	The total canopy of SIF	冠层总的荧光
$SIF_{hotspot}$	The SIF at the hotspot direction	热点方向观测到的荧光
SIF_{obs}	The observation of SIF	观测的荧光
SZA	Solar zenith angle	太阳天顶角
SAA	Solar azimuth angle	太阳方位角
SNR	Signal-to-noise ratio	信噪比
T-L model	Two leaf model	两叶模型
$\Gamma(\xi)$	First-order scattering phase function of the foliage	一次散射相函数
VZA	View zenith angle	观测天顶角
VAA	View azimuth angle	观测方位角

续表

V_{cmax}	Maximum carboxylation capacity	最大碳羧化速率
W_c	Rubisco-limited gross photosynthesis rates	Rubisco 限制的总光合作用率
W_j	Light-limited gross photosynthesis rates	受光限制的总光合作用率
Xan	Leaf xanthophyll content	叶黄素
Ω	Clumping index	聚集度指数
$G(\theta)$	Projection of unit leaf areas	单位叶面积的投影函数
ξ	The angle between the observer and sun relative to the target	传感器与太阳之间相对于目标的角度
α	The multiple-scattering factor	多次散射因子
β	The ratio between SIF from sunlit leaves and SIF from shaded leaves	阳叶荧光和阴叶荧光的比率
θ_s	Solar zenith angle	太阳天顶角
θ_v	View zenith angle	观测天顶角
ΦP	The quantum yield of photochemistry in PSII	PSII 光化学的量子产率
ΦF	The quantum yield of fluorescence	荧光量子产率
ΦD	Constitutive heat dissipation	结构性热散失
ΦN	The quantum yield of non-photochemical quenching	非光化学猝灭量子产率

后 记

本书的完成离不开许多人的帮助和支持,由于平时工作繁忙,只能利用清晨一段时间进行撰写,前后断断续续大概有一年。回想整个过程,虽有不易,却让笔者学会静下心来思考,也是对笔者这两年来工作的概括总结。感谢在南京读博期间导师的指导和支持,打开了笔者的“科研之门”。高光谱遥感技术已形成了一个颇具特色的前沿领域,我国高光谱遥感的起步和发展基本与国际同步,本书围绕高光谱遥感和气候变化领域进行了初步的探索,也极大地激发了笔者的科研兴趣,经过多次修改,本书终于和读者见面了。在此,笔者感谢郝红星副教授和李明博士对本书撰写提出的宝贵建议;特别感谢插画师蒋衍女士对本书封面和插图的贡献;最后感谢气象出版社所有工作人员的大力支持。

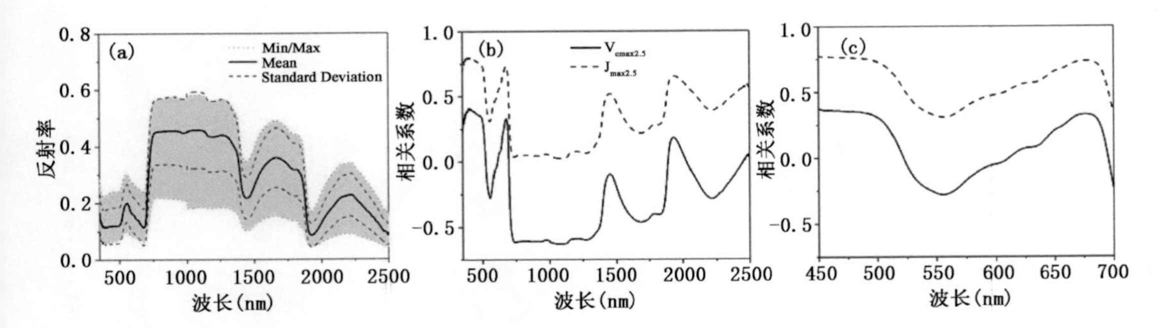

图 3.4 (a)2016 年 8 月 25 日至 11 月 2 日晴天中午(大约 12:00)采集水稻中叶光谱反射率的平均值，±1 标准偏差；(b)整个光谱光谱反射率和 V_{cmax25} 之间的相关系数；(c)部分光谱的叶片光谱反射率和 V_{cmax25} 之间的相关系数

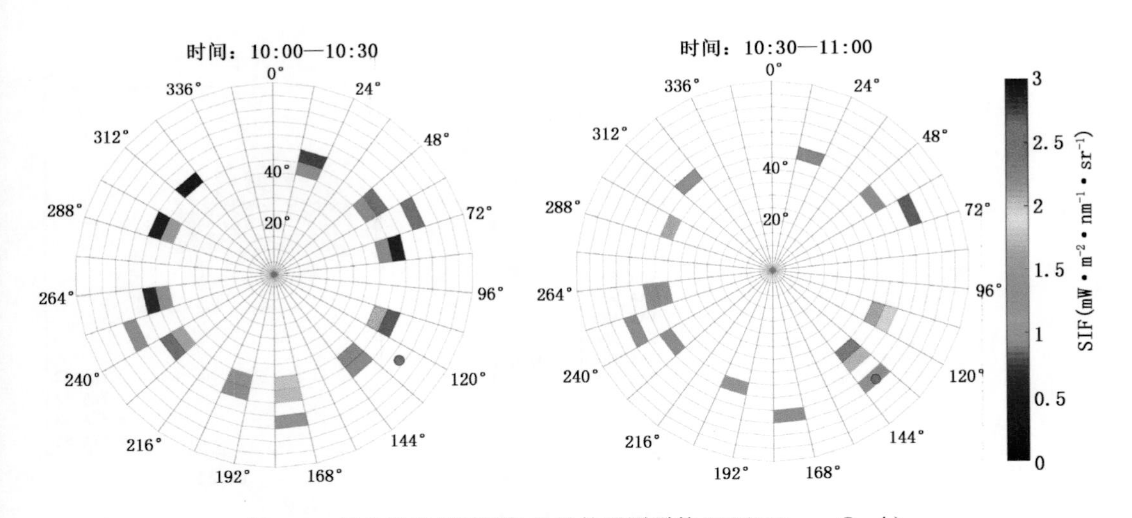

图 4.9 极坐标系(俯视图)显示的观测到的 SIF(760 nm，O_2-A)

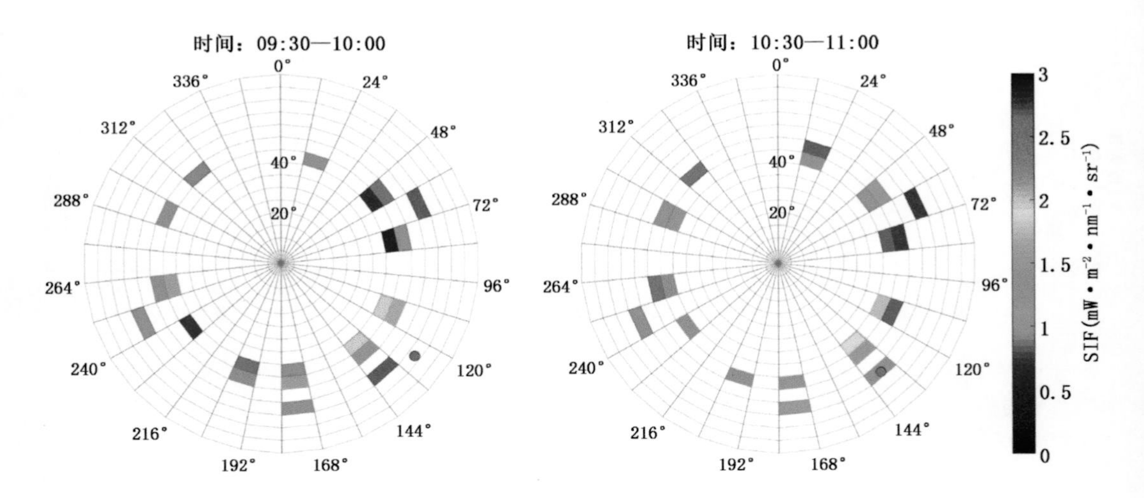

图 4.10 极坐标系(俯视图)中显示的观测到的 SIF(O_2-A)

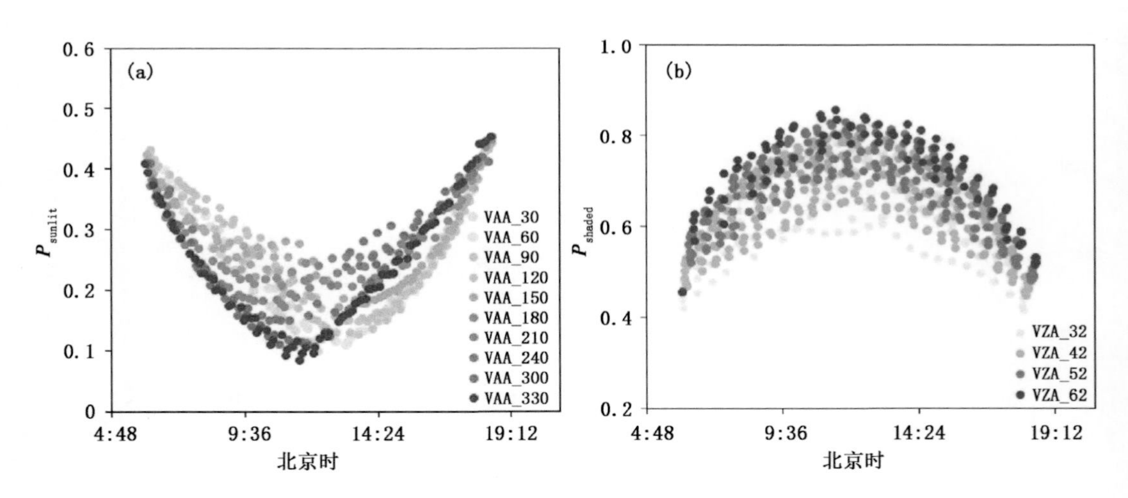

图 4.11 传感器观测(a)阳叶和(b)阴叶概率的日变化

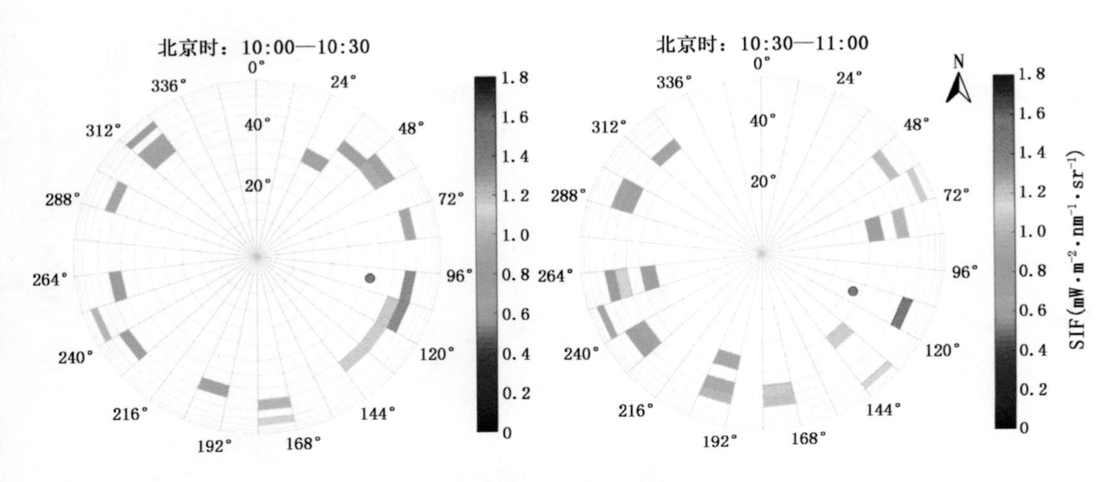

图 5.5　极坐标(俯视图)观测 O_2-B SIF

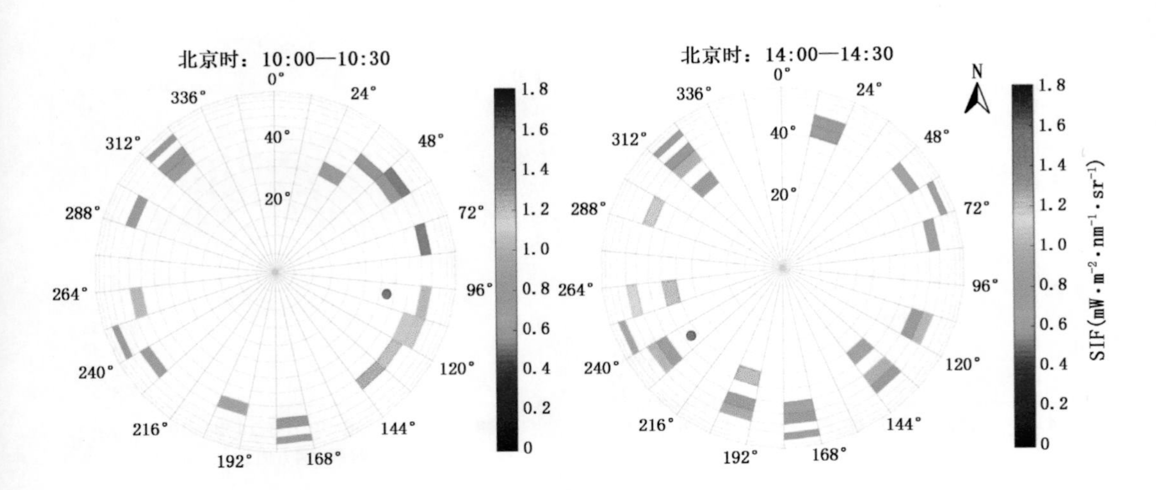

图 5.6　极坐标(俯视图)观测 O_2-A SIF

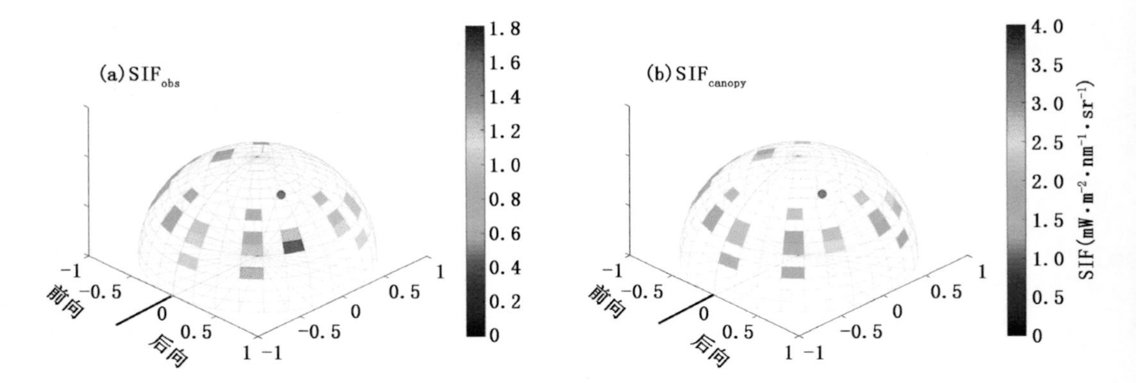

图 5.7　观测 O_2-B 波段的 SIF 和计算得出的 SIF 角度分布(2016 年 5 月 3 日 11:00—11:30)

(a) SIF_{obs} 代表观测到的 SIF;(b) SIF_{canopy} 代表根据观测到的 SIF 计算得出的冠层 SIF

红点表示由 SAA 和 SZA 描述的半球中的太阳位置,传感器位于半球的中心

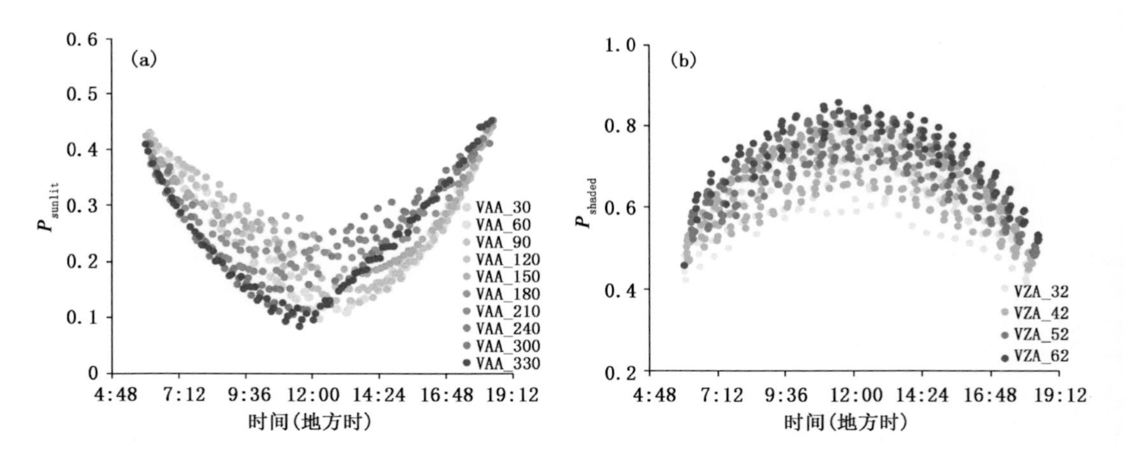

图 5.12　阳叶概率 P_{sunlit}(a)及阴叶概率 P_{shaded}(b)的日变化

4 个观测天顶角(VZA=32°,42°,52°,62°)和 11 个水平方位角(VAA=30°,60°,90°,120°,150°,180°,210°,240°,300°,330°,360°)